吃好孕期
三顿饭

郭晓薇◎主编

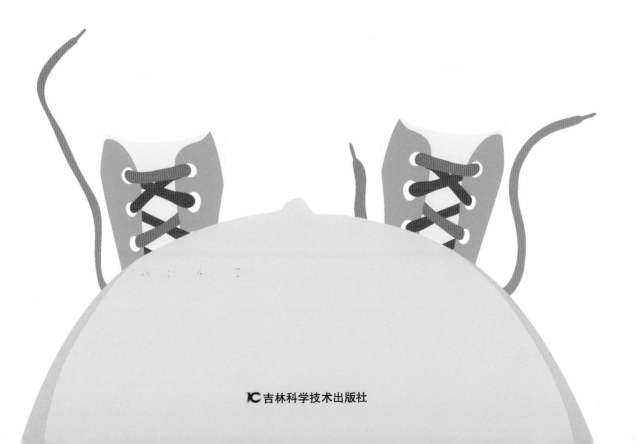

吉林科学技术出版社

图书在版编目（CIP）数据

吃好孕期三顿饭 / 郭晓薇主编．— 长春：吉林科
学技术出版社，2014.11
ISBN 978-7-5384-8489-2

Ⅰ．①吃… Ⅱ．①郭… Ⅲ．①孕妇－妇幼保健－食谱
Ⅳ．① TS972.164

中国版本图书馆 CIP 数据核字（2014）第 263944 号

CHI HAO YUNQI SAN DUN FAN

吃好孕期三顿饭

主　　编　郭晓薇

出 版 人　李　梁

责任编辑　孟　波　朱　萌

封面设计　张　虎

制　　版　世纪喜悦品牌设计有限公司

储运部电话　0431-86059116

编辑部电话　0431-85670016

团 购 热 线　0431-85635176

网　　址　www.jlstp.net

印　　刷　长春百花彩印有限公司

开　　本　780mm×1460mm　1/24

字　　数　400千字

印　　张　14

印　　数　10 001～14 000

版　　次　2015 年 1 月 第 1 版

印　　次　2017 年 5 月 第 2 次印刷

出　　版　吉林科学技术出版社

发　　行　吉林科学技术出版社

地　　址　长春市人民大街 4646 号

邮　　编　130021

发行部电话／传真

0431-85651759　　0431-85635177

0431-85651628　　0431-85635176

书号 ISBN 978-7-5384-8489-2

定价 39.80元

前言

　　怀孕是女性一生中最幸福的事情，孕育一个生命，期待他的到来，一切都是那么美好。一个新生命的到来，带给一家人的不仅仅是新的希望，更是一种全新的生活。

　　很多孕妈妈在孕期都会担心自己体重增加过多，不补充营养又怕宝宝发育不良。怎样在孕期兼顾宝宝的营养需求和自己的美丽身材？怎样在产后尽快恢复活力自信？怎样吃才是最科学、最合理的？在所有孕产知识中，实用性和操作性最强、最高效的，融入生活、时刻影响着孕妈妈的身体健康的，就是关于饮食和营养的知识。

　　《吃好孕期三顿饭》帮助孕妈妈搭理孕前、孕中、孕后的所有饮食营养问题，并配有烹饪简便的食谱，让孕妈妈和宝宝更加健康。还有"专家提醒"小栏目，给出孕妈妈在孕期前后遇到的各种情况的应对方法，让各位孕妈妈不再手足无措。

　　小编希望每位孕妈妈都可以顺利地孕育出健康的宝宝，让宝宝带给你们一个全新的美好生活！

目录
Contents

第一章　Chapter One
孕前营养储备很重要

目录
Contents

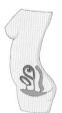

目录
Contents

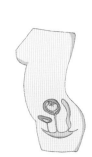

目录
Contents

第六章 Chapter Six
怀孕第五个月

第七章　Chapter Seven

怀孕第六个月

目录
Contents

第八章　Chapter Eight
怀孕第七个月

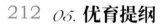

目录
Contents

第十一章　Chapter Eleven
怀孕第十个月

274　*01.* 发育特征

278　*02.* 本月孕妈妈特别关注

280　*03.* 本月推荐营养食谱

284　*04.* 优育提纲

284　*05.* 保健护理

目录
Contents

第十二章 Chapter Twelve
孕期异常与饮食调养

第十三章 Chapter Thirteen
月子期饮食调理

第一章

孕前营养储备很重要

01. 加强孕前营养 提高优孕质量

合理搭配是营养的核心

　　孕期营养的核心是合理营养平衡膳食。合理营养搭配是指既要通过膳食调配提供满足人体生理需要的能量和各种营养素，又要考虑合理的膳食原则和烹调方法，以利于各种营养物质的消化、吸收与利用。此外，还应避免膳食构成的比例失调，某些营养素摄入过多以及在烹调过程中营养素的损失或有害物质的生成等。膳食的最高追求是平衡，除了初生婴儿可以从母乳中获得较为全面平衡的营养以外，再没有哪一种单一的食物能够为婴儿提供全面的营养。因此婴儿的膳食要进行合理的搭配，不但要提供给用餐者足够的热量和所需的各种营养素，以满足人体正常的生理需要，还要保持各种营养素之间的合理比例和多样化的食物来源，以提高各种营养素的吸收和利用，达到合理饮食的目的。

孕前营养与孩子健康

　　孩子的健康与智力，尤其是先天性体质，从成为受精卵的那一刻起就已经决定了。因此，

　　孕妇怀孕前的营养状况，与新生儿的健康有着非常重要的关系。孕妇孕前营养状况良好，孩子出生后就很少生病，同样孕妇在孕前的营养状况也会影响到新生儿的性格，营养好也会为孩子的智力提供良好的基础。如果孕妇在孕前营养不良，可能造成孕期血容量减少，心搏出量、胎盘血流量也都随之减少，胎儿在子宫内就会发育缓慢，从而导致即使是足月产的婴儿也特别瘦小，表现为体重不足 2 500 克、身长不

足 45 厘米，也就是低体重儿。

这样的新生儿在出生后极易感染疾病。同时也要注意，孕妇在孕期体重增长低于 7 千克或大于 15 千克时，往往也容易生出低体重儿。由于胎儿神经系统的发育在孕早期，肾脏和肺脏的成熟都在孕晚期，因此低体重儿发生组织缺陷的机会也较多。所以，孕妇的营养摄入不足，会直接影响胎儿的健康成长和发育。

另外，妊娠初期很多孕妇会出现不同程度的妊娠反应，这在很大程度上要影响到营养的全面摄入。如果孕前营养储备不足，就会很容易使胎儿发育特别是脑细胞增殖的高峰期（3～5个月）受到影响。因此，孕妇补充营养应提早进行。

孕前补充叶酸的必要性

有 1/3 的孕妇，因为缺乏 B 族维生素中的叶酸而发生贫血。此类贫血会随着怀孕的持续而恶化，怀双胞胎及患有"妊娠高血压综合征"疾病的孕妇都有此类贫血症状。在叶酸轻度缺乏，尚未构成贫血之前，会先产生倦怠感及长出难看的妊娠斑。叶酸对于胎儿脑部的发育非常重要，严重缺乏时将导致出血性流产、早产、先天性残疾、胎儿智力发育迟缓及婴儿死亡等。所以孕妇应该在受孕之前和在怀孕初期就加以补充。叶酸最初是从菠菜叶中分离提取出来的，是人体细胞生长和造血过程中所必需的营养物质，可增强免疫能力，一旦缺乏叶酸，就会发生严重贫血，因此叶酸又被称为"造血维生素"。

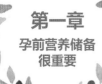

有研究发现，胎儿对冷的刺激也极为敏感，当孕妇喝冷饮时，胎儿会在子宫内躁动不安，胎动变得频繁。

★ 忌喝含咖啡因的饮料

咖啡、可乐等含咖啡因的饮料会通过胎盘影响胎儿心跳及呼吸，同时容易刺激孕妇胃酸分泌，加重肠胃不适症状。而且咖啡因和乙醇容易导致胎儿畸形，所以孕妇最好避免饮用，或选择无咖啡因的饮料。

★ 忌食过度油腻、刺激性的食物

太油腻的食物不易消化，会加重怀孕初期肠胃不适、孕吐的症状。刺激性的食物及调味料，容易刺激胃黏膜，加重怀孕末期的胃灼热感。

孕前应注意的饮食事项

★ 应少食生冷食物

有些习惯应在怀孕前就加以改变，如喜欢食冷饮。这是因为在孕期，胃肠对冷的刺激非常敏感，常吃冷饮能使胃肠血管突然收缩，胃液分泌减少，消化功能降低，从而引起食欲缺乏、消化不良、腹泻，甚至引起胃部痉挛，出现剧烈腹痛等现象。

孕妇的鼻、咽、气管呼吸道黏膜往往充血并伴有水肿，如果大量贪食冷饮，充血的血管突然收缩，血液减少，可致局部抵抗力降低，使潜伏在咽喉、气管、鼻腔、口腔里的细菌与病毒乘虚而入，引起嗓子痛哑、咳嗽、头痛等。严重时能引起上呼吸道感染或诱发扁桃体炎。

★ 忌食不新鲜的食物

孕妇不应食用生鱼片、螺肉等未经加热处理的食物。而买市售的熟食时，加热食品应在65℃以上，冷藏食品则应控制在冷藏温度。常见售卖的熟食，通常无法得知制作时的流程及时间，如果吃了已遭细菌污染或不新鲜的熟食，发生食物中毒则将危及孕妇及胎儿的健康。

★ 忌喝浓茶

浓茶中的单宁酸会与铁结合，从而降低铁的正常吸收率。除此之外，大量的单宁酸还会刺激胃肠，久而久之不仅铁的吸收率会发生障碍，也会影响其他营养素的吸收，易造成缺铁性贫血，所以孕妇还是少喝茶为宜。

★ 应少食用加工食物

熟加工食品往往添加了大量的盐和糖。摄取过多的盐分，对有妊娠高血压综合征的孕妇会加重高血压及水肿症状。而过多的糖分，例如碳酸饮料、糖果、巧克力等，是高热量却只含有少部分营养成分的食物，会造成体重增加过快、超重的问题。除此之外，在选购加工食品之前，也应留意食品标示及生产日期，看看有没有危害人体的添加剂等。

★ 忌食发霉的食物

避免食用外观看来发霉的蔬菜、水果或脱水食物，仅仅将发霉部分去掉是不够的，因为真菌所产生的有害物质可以渗入到更深，而且即便烹调加热也不能破坏霉变物质的毒性。

★ 忌食糖果及巧克力

糖果中的香料和色素，巧克力中的咖啡因，以及它们含有的大量糖分，对健康无益。孕程结束后才可以少量食用。

★ 慎食薏米

薏米是一种药食同源之物，有利水消肿之功。药理实验证明，薏米对子宫平滑肌有兴奋作用，可能促进子宫收缩，因而有诱发流产的可能。

★ 慎食马齿苋

它既是草药又可作菜食用，其药性寒凉而滑利。实验证明，马齿苋汁对于子宫有明显的兴奋作用，能使子宫收缩次数增多，强度增大，易造成孕妇流产。

★ 少食山楂

大部分女性怀孕后有早孕反应，而且爱吃酸甜之类的东西。但要注意的是山楂果及其制品，孕妇仍是少吃为宜。现代医学临床证实，山楂对女性子宫有刺激收缩作用，如果孕妇大量食用山楂食品，就会刺激子宫收缩，甚至还会导致流产。因此，孕妇多吃山楂是不适宜的。

★ 慎食甲鱼

虽然甲鱼具有滋阴补肾的功效，但是甲鱼性味咸寒，有较强的通血络、散瘀块作用，因而有一定堕胎之的效果，尤其是鳖甲的堕胎之力比鳖肉更强。

★ 慎选药膳材料

其实如果能广泛地从食物中足量摄取营养成分，是不需要吃药膳的，如果想烹调药膳食用的话，药材的选择最好能根据医生的建议调配为佳。

★ 忌某些药物的使用

雌雄激素、抗癌药物、降血脂、链霉素、四环素等药物会引起胎儿性器官的变化及其他畸形或身体的缺陷，所以怀孕早期禁用。从准备怀孕开始，用药应询问医生后才可使用，中药的服用也应当谨慎。需要长期服药者，例如患糖尿病、肾脏病、癫痫、心脏病、甲状腺功能亢进等病人，必须在病情稳定情况定下才可怀孕，准备怀孕时应告知医生，以便调整所服用药物的种类及用量，并且在怀孕期间，随时监控病情及调整药量，以确保母亲与胎儿的健康安全。怀孕期间尽量避免服用成药，有不舒服应就诊，在医生处方下用药，如此才能避免药物伤害胎儿，或造成畸形。

★ 忌辛辣调味料

茴香、花椒、辣椒粉、胡椒等调味品性热且具有刺激性，孕妇的肠蠕动本来就在减缓，若再服用此类食品，易造成便秘。而在平时的膳食中，孕妇也不要摄入过多的盐分，避免水钠潴留引起水肿或者高血压等。

★ 忌饮食不均衡

女性在怀孕1～3个月期间便应制定生活和饮食习惯的改变计划，受孕初期的前3个月是胎儿器官长成的关键，胎儿很容易受到孕妇体内环境的影响；而怀孕中后期的身体健康和摄取适当营养饮食，可确保胎儿在子宫里得到足够的营养以供其成长。因为一旦怀孕后，孕妇所摄取的营养，都会从血液经由胎盘进入胎儿体内。例如怀孕前及初期，叶酸对胎儿神经管的发育有很大的帮助，叶酸的缺乏将导致胎儿神经管缺损。富含叶酸的食物包括：绿色蔬菜、五谷类、麦片、豆类、柑橘类等，但是加热食物的过程会破坏叶酸，所以多吃水果和蔬菜沙拉是较理想的摄取方式。此外，不同食物中所含的营养成分不同，所以应当吃得种类多一些，以确保营养的均衡。若真的无法吃得营养又均衡，应适量地补充维生素与矿物质药丸，也是不错的选择。在饮食习惯上，忌挑食、偏食和营养过剩。因为长期挑食、偏食，会造成营养不良，从而影响胎儿生长。

★ 忌使用化学药剂

准备怀孕及已经怀孕的女性应尽量避免染发。由于染发剂的主要成分有"过硫酸铵""过硫酸钾""过硫酸钠"等,这些成分可将毛发中的黑色素分解,可能会影响胎儿的健康;另一方面,孕妇的工作若会接触有害化学药物,则应加强防护或考虑是否需要暂时调换工作。

★ 忌多食胡萝卜

胡萝卜含有丰富的胡萝卜素,但过量摄入会引起闭经和抑制卵巢的排卵功能。

★ 忌服用减肥药

有打算怀孕的女性不仅要吃得营养均衡,配合适量运动,还绝对不要存有减肥的念头,尤其是禁止使用药物减肥。

第一章
孕前营养储备
很重要

★ 忌吸烟、饮酒

待孕妈妈在计划怀孕时就应该戒烟。吸烟或被动吸烟均会严重影响胎儿的正常发育，会提高早期流产的概率，孩子体重较轻，也会增加围产期新生儿死亡及胎盘早期剥离的概率，胎儿畸形发生率也显著提高，甚至会导致胎儿在宫内缺氧，心跳加快或者造成死亡。

而酗酒，也会导致胎儿发育的畸形。酒精的主要成分是乙醇，乙醇会导致女性月经不调、卵子生成变异或停止排卵。乙醇对于中枢神经系统有抑制作用，长期喝酒的女性，所怀的胎儿会产生乙醇中毒症状，包括生长发育迟缓、智力发育不足、行为偏差以及特殊的脸部外观，而且会并发心脏、脑部发育畸形及严重的先天性畸形。所以女性准备怀孕或已确定怀孕时，应立即停止吸烟、喝酒。

孕前需要补充热量和营养素

★ 脂肪

脂肪是人体热量的主要来源,其所含的必需脂肪酸是构成人体细胞组织不可缺少的物质,因此增加优质脂肪的摄入对怀孕有益。

★ 维生素

维生素有助于精子、卵子及受精卵的成长与发育,但是过量地补充维生素,如脂溶性维生素也会对身体有害,因此建议男女双方多从食物中摄取,慎用补充维生素制剂。

★ 热量

最好在每天供给正常成人需要的9 205千焦(2 200千卡)的基础上,再增加1 674千焦(400千卡),以供给性生活的消耗,同时为受孕积蓄一部分的能量。

★ 优质蛋白质

男女双方应每天在饮食中摄取优质蛋白质40 ～ 60克,保证受精卵的正常发育。

★ 无机盐和微量元素

钙、铁、锌、铜等元素对构成骨骼、制造血液、提高智力,维持体内代谢的平衡有着重要作用。

02.待孕妈妈气虚怎么吃

气虚的待孕妈妈怎么吃

气虚者的特征：一般表现为说话无力、食欲缺乏、缺乏耐力、易头晕、易疲劳、嗜睡、四肢无力、面色白、易出汗。

在生活饮食中要注意：保证三餐，不要一忙就忘了吃饭，并积极摄取一些有营养的食物，如：鱼、蛋、肉、奶、蔬果。特别是要在每次生理期结束之后，最好能吃些调养身体的补品，如：人参，黄芪。

气虚的待孕妈妈补气食谱

人参莲肉汤

材料：人参 10 克，莲子 10 个，冰糖 30 克。

做法：

① 将人参和莲子放在碗内，加水适量，发泡人参和莲子，待发泡好之后，再加入冰糖。

② 将碗放在蒸锅的屉上，隔水蒸炖 1 小时。

③ 食用时，喝汤，吃莲肉。人参可连续使用 3 次，次日再加莲子、冰糖和适量的水，如之前的方法蒸炖和服用，到第三次时，可连同人参一起吃下。

蒜薹炒腊肉

材料：蒜薹 300 克，腊肉 80 克，盐 1 小匙，鸡精 1 小匙，酱油适量。

做法：

① 将蒜薹洗净切成段，腊肉切成片状。

② 先把腊肉下锅，炒出香味。

③ 再放入蒜薹段炒熟加入调味料即可（这里的腊肉也可根据口味换成瘦肉）。

牛奶山药燕麦粥

材料：牛奶 500 毫升，山药 50 克，燕麦 100 克，芹菜 30 克。

做法：

① 先把山药去皮，切成小块备用，芹菜切成碎丁。

② 把鲜牛奶倒入锅中，放入山药块、芹菜丁和燕麦片，边煮边搅拌。

③ 煮至燕麦、山药熟烂即可。

黄芪茶

材料：黄芪 20 克，红茶 1 克，水适量。

做法：

① 将黄芪加水煎 5 分钟。

② 趁热加入红茶拌匀即成。

③ 每日 1 剂，分 3 次温饮。

Tips：本品具有止汗、提神、消除疲劳、防止外感等作用。黄芪本身可补气、升阳、固表止汗、健脾养血，适用于面色不华、疲乏无力、气短、虚弱出汗等症状。

03.待孕妈妈
血虚怎么吃

血虚的待孕妈妈怎么吃

血虚者的特征：一般面色苍白或蜡黄、嘴唇不红、指甲无血色，妇女会出现经血过少、贫血、时常心慌、失眠、头晕、眼花、手足发麻冷凉等症状。身体为冷底，将来生下的小孩易有过敏体质。

生活饮食上应注意：多吃些含铁质的食物，如葡萄、樱桃、苹果、深绿色蔬菜、鱼、蛋、奶、大豆、猪肝、鸡肝等。

血虚的待孕妈妈补血食谱

双红饭

材料：大米 200 克，红薯 150 克，红枣 20 个。
做法：
① 将红薯去皮、洗净，切成小丁；将红枣洗净后去核。
② 将锅置火上，加适量水，放入大米、红枣、红薯，先用大火煮开，后改用小火煮至饭熟即可。

南瓜豉汁蒸排骨

材料：猪肋排 300 克，南瓜 200 克，豆豉 5 克，盐、酱油、葱、姜各适量。

做法：

① 将南瓜洗净去皮，用小刀在 1/3 处开一个小盖子，挖出里面的瓜瓤。

② 将葱切成小段，姜切成片备用。

③ 把排骨切成小块，加入豆豉、盐、葱段、姜片、酱油腌制 20 分钟。

④ 将腌好的排骨放入南瓜盅内，上锅蒸至排骨熟即可。

海米拌油菜

材料：油菜 250 克，海米 25 克，香油、盐各适量。

做法：

① 将油菜择洗干净，掰成单叶。

② 将油菜放入开水锅内汆烫一下，捞出沥去水分，加入盐拌匀，盛入盘内。

③ 将海米用开水泡开，切成粒，放在油菜上，加入香油，拌匀即可食用。

参归炖鸡

材料：母鸡 1 只，人参 25 克，当归 25 克，大枣 10 个，盐、姜、料酒各适量。

做法：

① 将母鸡清洗干净，并将上述材料一并放入砂锅内，加水没过食材即可用小火慢炖。

② 炖至母鸡熟烂即可盛入大碗内，可分多次食用。

04. 待孕妈妈
太胖怎么吃

体重超重或过于肥胖，会成为怀孕、分娩的不利因素，也会成为妊娠高血压综合征、妊娠糖尿病等疾病的诱发因素。而在妊娠期间是不能采用节食减肥措施的，否则难以保证胎儿的营养和正常发育。因此，这一类的待孕妈妈应在怀孕之前通过合理的营养，配合适当的体育锻炼，达到或接近理想体重，提高身体健康水平与适应能力之后方可受孕。

体重指数计算方法

女性的标准体重，一直是随着社会的物质条件与人类的生存状态而变化的，还存在个体之间的差异。

BMI 体重指数计算法：

BMI = 体重 (kg) ÷ 身高 (m) ^2

过轻：BMI 低于 19　　适中：BMI 19 ～ 24

过重：BMI 24 ～ 29　　肥胖：BMI 29 ～ 34

非常肥胖：BMI 高于 34

合理控制体重

身体营养状态正常的人，不需要更多地增加营养，但优质蛋白、维生素、矿物质、微量元素的摄入仍不可少，只是应适当控制进食含脂肪及糖类较高的食物。

待孕妈妈控制体重食谱

蔬菜沙拉

材料：卷心菜 200 克，番茄 80 克，黄瓜 60 克，青椒 30 克，白皮洋葱 30 克，植物油、盐、柠檬汁、蜂蜜各适量。

做法：
① 把所有食材洗干净，卷心菜、番茄切块，青椒、洋葱切成环形。
② 把切好的材料混拌匀，放在盘子里。
③ 把植物油、盐、柠檬汁、蜂蜜混合，搅拌均匀，淋在蔬菜上即可。

芹菜拌黄豆芽

材料：芹菜 300 克，黄豆芽 250 克，瘦肉 80 克，盐、鸡精、香油各适量。

做法：

① 将芹菜和黄豆芽分别焯至八分熟，捞出沥干水分，装盘备用。

② 将瘦肉切成细条炒熟。

③ 加入盐、鸡精、香油，拌匀即可。

山药烧胡萝卜

材料：山药 200 克，胡萝卜 40 克，藕 30 克，香菇 50 克，豌豆 30 克，葱末、高汤、酱油、盐各适量。

做法：

① 山药切成块，胡萝卜、藕切片，香菇泡发后切开。

② 油热后用葱花炝锅，将上述材料倒入煸炒。

③ 加入高汤及调味料，煮熟即可。

酸辣黄瓜

材料：黄瓜 300 克，香油、白糖各 1 小匙，红油辣椒 9 克，醋、酱油各 1 大匙，盐、鸡精、花椒油、蒜汁各 1/2 小匙。

做法：

① 将黄瓜洗干净，去皮后切成薄片，放入盐拌匀，控出多余水分，装在盘内。

② 将酱油、醋、白糖、红油辣椒、花椒油、鸡精、香油、蒜汁混合调匀，淋入盘内即可食用。

西芹炒百合

材料：西芹 80 克，百合 30 克，鸡精、盐各适量。

做法：

① 将西芹用开水汆烫，捞出切段。

② 油热后放入西芹翻炒，五成熟后放入百合同炒。

③ 炒匀后放入鸡精、盐，翻炒几下出锅即可。

醋熘白菜

材料：白菜心 400 克，胡萝卜 15 克，海米 15 克，植物油、花椒、醋、白糖、盐、淀粉、香油、鸡精、姜丝各适量。

做法：

① 将白菜心切成片，胡萝卜切片，海米发好。

② 炒锅加植物油，上火烧热，放花椒炸一下后捞出不要。

③ 放入胡萝卜片、海米、姜丝、白菜心片煸炒。

④ 加醋稍烹一下，放白糖，添少许汤，加盐、鸡精稍煨一会儿。

⑤ 勾芡，淋香油出锅即可。

鲜虾芦笋

材料：鲜虾 300 克，芦笋 400 克，鸡汤 60 毫升，姜片、盐、蚝油、淀粉各适量。

做法：

① 将鲜虾去除外壳，挑去虾肠洗净，用姜片、盐、淀粉腌制 15 分钟。

② 炖芦笋切成长条。将清鸡汤及姜放入锅中煮滚，入芦笋条煮至汤干，取出放入碟中。

③ 把虾仁用中火炸熟，姜片爆香，放在芦笋条上即成。

05. 待孕妈妈离不开叶酸

待孕妈妈怎么补充叶酸制剂

专家建议，待孕妈妈每天至少要服用 0.4 毫克叶酸，服用叶酸时要注意量不可过多，每天不应超过 1 毫克。专门为待孕妈妈准备的叶酸制剂为 0.4 毫克，这是过去的推荐量。美国医生通过研究证实，每日补充 0.4 毫克的叶酸不能显著降低胎儿神经管畸形的发生率，而每日补充 0.8 毫克叶酸可显著降低胎儿神经管畸形发生率，而且这个剂量对待孕妈妈是安全的。

但需要注意的是，不同的人对叶酸的需求量也不同，因此，准备怀孕的女性一定要向医生询问需要服用多大剂量的叶酸片，或者目前服用的叶酸补充剂是否合适。

怎么吃蔬菜才不流失叶酸

人体不能自己合成叶酸，要靠从食物中摄取。含叶酸的食物很多，但由于天然的叶酸极不稳定，易受阳光、加热的影响而发生氧化，长时间烹调会将其破坏，所以真正能从食物中获得的叶酸并不多。

为了保持食品的营养，应该做到以下几点：

1	买回来的新鲜蔬菜不宜久放。制作时应先洗后切，现食炒制，一次吃完。炒菜时应急火快炒，3～5分钟即可。煮菜时水开后再放菜，可以防止维生素的丢失。做馅时挤出的菜水含有丰富营养，不宜丢弃，可做汤
2	做肉菜时，最好把肉切成碎末、细丝或小薄片，急火快炒。大块肉、鱼应先放入冷水中用小火炖煮烧透
3	熬粥时不宜加碱
4	做肉菜时，最好把肉切成碎末、细丝或小薄片，急火快炒。大块肉、鱼应先放入冷水中用小火炖煮烧透
5	最好不要经常食用油炸食品

第一章
孕前营养储备很重要

叶酸含量比较丰富的食物

绿色蔬菜：莴苣、菠菜、番茄、胡萝卜、芹菜、龙须菜、菜花、油菜、小白菜、扁豆、豆荚、蘑菇等。

新鲜水果：橘子、草莓、樱桃、香蕉、柠檬、桃子、李子、杏、杨梅、海棠、酸枣、山楂、石榴、葡萄、猕猴桃、梨等。

肉类食品：动物的肝脏、腰子、禽肉及蛋类，如猪肝、鸡肉、牛肉、羊肉等。

豆类、坚果类食品：黄豆、豆制品、核桃、腰果、栗子、杏仁、松子等。

谷物类：大麦、米糠、小麦胚芽、糙米等。

根据中国营养学会公布的《中国居民膳示指南》（2007），常用食物中叶酸含量高的食物包括：

食物名称 （每100克）	叶酸含量 （微克）
鸡肝	1172.2
猪肝	452.2
黄豆	181.2
鸭蛋	125.4
茴香	120.9
花生	107.5
核桃	102.6
蒜苗	90.9
菠菜	87.9
豌豆	82.6
鸡蛋	70.7

吃好孕期三餐饭

待孕妈妈补充叶酸营养食谱

猕猴桃饮料

材料：猕猴桃 1 个，鲜奶油、牛奶各 75 毫升，白糖适量。

做法：

① 将猕猴桃去皮，切成小块，装在碗里。

② 把白糖、牛奶加入猕猴桃的碗里，充分混合后放在搅拌机里搅拌成汁。

③ 不停地朝一个方向搅动鲜奶油，搅好后放入搅拌好的猕猴桃汁里调匀即可。

土豆鸡蛋卷

材料：鸡蛋 1 个，土豆 200 克，牛奶 15 毫升，植物油、黄油、盐、香菜各适量。

做法：

① 将土豆煮熟；把鸡蛋打碎，放入黄油、盐调好。

② 将煮熟的土豆捣碎，并用牛奶、黄油拌匀。

③ 把调好的鸡蛋糊用植物油煎成鸡蛋饼，然后把捣碎的土豆泥放在上面，卷成蛋卷即可。

豆芽卷心菜

材料：卷心菜叶 150 克，豆芽 100 克，香油、酱油、醋各适量。

做法：

① 将卷心菜和豆芽用开水焯一下，去除水分，卷心菜切成细丝。

② 将切好的卷心菜和豆芽一起装盘，用香油、酱油、醋拌好即可。

豆腐皮蛋汤

材料：豆腐 300 克，皮蛋 150 克，油菜 50 克，虾米 10 克，小葱 5 克，姜 15 克，大蒜 10 克，盐 4 克，鸡精 2 克，香油 10 克。

做法：
① 豆腐、青菜、皮蛋切条，葱、姜切丝，蒜切片。
② 锅内放入葱、姜、蒜，加鲜鸡汤上火烧开。
③ 下入豆腐条，加盐烧透入味。
④ 再下入皮蛋，小火烧开，撇去浮沫。
⑤ 下入油菜烧开至熟，加鸡精、香油、虾米即可。

牛奶菠菜粥

材料：大米 100 克，菠菜 100 克，牛奶 250 毫升，盐、植物油、葱各适量。

做法：
① 将新鲜的菠菜洗净，沸水焯后切碎
② 大米淘洗干净，用冷水浸泡好。
③ 锅中加入植物油，烧至八成热时，再放入葱末爆香。
④ 随后加入约 1000 毫升冷水，放入大米，用大火煮。
⑤ 再用小火煮至粥稠。
⑥ 将碎菠菜放入锅内，加入盐，倒入牛奶搅匀，再次烧沸即可。

四宝菠菜

材料：菠菜 400 克，冬笋、香菇、火腿各 50 克，盐 1 大匙，鲜姜、香油各 25 克，鸡精 2 小匙。

做法：
① 菠菜去掉黄叶和根，洗干净泥沙，用开水烫一下捞出来，摊开晾凉（以防变黄），然后用刀切成丁，挤出水分沥干，放到小盆里备用。
② 把冬笋、香菇、火腿均切成丁，用开水分别烫好，倒入菠菜，加入盐、鸡精拌匀，把鲜姜切成姜末，用热香油炸一下，倒入菠菜里拌匀即可食用。

06. 待孕妈妈要重点补铁

待孕妈妈易缺铁

调查显示，在待孕妈妈易患的疾病当中，缺铁性贫血发生率很高，大约为20%。缺铁性贫血是体内储备铁缺乏，影响血红蛋白所引起的贫血，是贫血中最常见的类型。待孕妈妈由于月经等因素，体内铁贮存往往不足，如果孕前缺铁，孕期更容易发生缺铁性贫血，需要引起足够的重视，否则将影响到胎儿的发育。

待孕妈妈怎么补充铁剂

孕前的健康检查中，如果发现血色素值低于正常值，即可判定有轻度贫血，可以在饮食调理的基础上，考虑补充铁剂，把血色素提高到正常水平。例如：补充硫酸亚铁，每天的剂量在100毫克，连续补3周之后，再复查血常规。需要注意的是口服铁剂忌饮茶，而且不宜与牛奶同时服用。

有哪些补铁的食物

含铁量较高的谷类有大米、小米、玉米、燕麦；豆类有绿豆、黑芝麻；蔬菜有菠菜、芹菜、油菜、韭菜；各种动物的肝脏尤以猪肝、鸭肝中含量最多；海藻类如紫菜、海带、发菜；海产品有海蜇、虾米、虾皮等。所有食物中以动物肝脏含量最多，其次为动物的血、动物的心、腰子等。

待孕妈妈补铁食谱

麻油猪心

材料： 猪心 300 克，香油、料酒、老姜、盐各适量。

做法：

① 将猪心对切成两瓣，去掉内部的血块，洗干净后切成片状。

② 将老姜也切成片状。

③ 将香油放入炒锅，油热后放入姜片爆香，加入猪心片翻炒，再加入料酒、香油、盐和水，煮至汤汁滚开即可食用。

人参桂圆炖猪心

材料： 猪心 90 克，鲜人参 15 克，桂圆 50 克，姜、盐、鸡精各适量。

做法：

① 猪心剖开，除去膜及油，然后用刀切成块，用水冲净血污。

② 鲜人参用水稍用浸泡去异味。

③ 洗好的猪心、鲜人参、桂圆及姜片放入炖盅内，加入鸡汤，放在火上烧开。

④ 撇去浮沫，盖好盖，用小火炖 2 小时左右。

⑤ 放盐、鸡精调好口味，捡出桂圆即可食用。

西式炒饭

材料： 大米 150 克，菠菜 100 克，白皮洋葱、西芹、番茄、熟鸡蛋、柠檬各 50 克，盐、胡椒粉、植物油各适量。

做法：

① 将菠菜、洋葱、西芹、番茄均切小丁。

② 熟鸡蛋切两半，柠檬切块。

③ 锅内加油，放入洋葱丁炒出香味。

④ 下入洗好的大米翻炒。

⑤ 加入番茄、肉汤，用小火焖煮沸。

⑥ 待米饭快熟时，下入菠菜丁、西芹丁、盐、胡椒粉翻炒。

⑦ 至汤汁全部被吸收，出锅装盘。

⑧ 放上熟鸡蛋和柠檬块即成。

益母木耳汤

材料： 益母草 50 克，黑木耳、白糖各 30 克。

做法：

① 益母草用纱布包好，扎紧口，黑木耳水发后去蒂洗净，撕成碎片。

② 锅置火上，放入适量清水、药包、木耳，煎煮 30 分钟，取出益母草包，放白糖，略煮即可。

冬瓜绿豆汤

材料： 冬瓜 200 克，绿豆 150 克，姜片 10 克，葱段 30 克，盐 1 小匙。

做法：

① 冬瓜去皮，去瓤，洗净，切成 3 厘米见方的块，绿豆淘洗干净，浸泡备用。

② 锅置火上，放入适量清水，放入葱段、姜片、绿豆，大火煮开，转中火煮至豆软，放入切好的冬瓜块，煮至冬瓜块软而不烂，撒入盐，搅匀即可食用。

绿豆芽炒鳝丝

材料： 绿豆芽 250 克，鳝鱼 100 克，红、绿尖椒各 30 克，姜丝、盐、鸡精、植物油、淀粉各适量。

做法：

① 将鳝鱼焯水切丝，尖椒切丝。将绿豆芽、尖椒丝焯水后备用。

② 热油，下入姜丝炒香，再放入全部原料翻炒，调味后，勾薄芡即可。

07. 待孕妈妈需要补充钙

钙是人体内含量最丰富的矿物质，其量仅次于氧、碳、氢、氮。成人体内含钙总量约 1200 克，占体重的 1.5%～2%。钙是构成牙齿和骨骼的重要材料，99% 的钙存在于骨骼和牙中，用以形成和强健牙齿和骨骼。钙可以被人体各个部分利用，能够维持神经肌肉的正常张力，维持心脏跳动，并维持免疫系统机能。钙能调节细胞和毛细血管的通透性，还能维持酸碱平衡，也参与血液的凝固过程。待孕妈妈要是能够注意每天补充钙剂，不但未来的宝宝健康聪明，而且自身产后恢复也较快，骨质密度不受影响，身体自然不会因为怀孕而受到伤害了。

对于很少接受阳光照射，户外活动也比较少的职业女性，补钙是准备怀孕的女性特别要注意的。

待孕妈妈怎么补充钙

倘若做不到多接受阳光的照射，可另外补充几周的钙补充剂。如服用维生素 D 胶丸或者补充骨化醇，每天 15 微克计量，在连补 3 周以后，再到医院检查。补充时，谨防过量摄入，否则会引起食欲减退、口渴、恶心、呕吐、烦躁等不良反应，反倒对身体有害了。

哪些食物富含钙

我国居民的膳食是以谷类食物为主，所以钙的来源甚少，钙摄入普遍不足。待孕妈妈的钙摄入量应该是每天摄取 800 毫克，到了孕中、晚期每日 1000～1500 毫克。乳制品中的钙不仅含量丰富，而且吸收率高，虾皮、鱼类和芝麻酱含钙也特别丰富，其他还有蛋黄、骨头、深绿色蔬菜、米糠、麦麸、花生、海带等。

待孕妈妈补钙食谱

鲜蘑氽丸子

材料：
猪肉 200 克，鲜蘑菇 600 克，菜心 100 克，鸡蛋液 40 毫升，葱姜汁、料酒、盐、鸡精、胡椒粉、香油、淀粉各适量。

做法：
① 将猪肉洗净剁成肉泥备用；菜心、蘑菇洗净。将猪肉泥加葱姜汁、盐、料酒、鸡精、鸡蛋液、淀粉使劲儿搅一会儿，上劲儿后捏成丸子。
② 把锅放在火上，加水烧沸，挤入肉丸子氽熟，放入菜心、蘑菇，将水烧沸，加入盐、鸡精、胡椒粉、香油，起锅即可。

牛奶花蛤汤

材料： 花蛤 550 克，鸡汤 500 毫升，红椒 50 克，鲜奶 200 毫升，盐 4 克，白糖、姜片、胡椒粉各适量。

做法：
① 红椒洗净切丝；将花蛤放入淡盐水中浸半小时，使其吐净污物，然后放入开水中煮至开口，捞起后去掉壳。
② 在锅内倒入适量植物油，放入红椒丝、姜片爆香，加入鲜奶、鸡汤煮滚后，放入花蛤用大火煮 1 分钟，最后加入调味料即可。

蓝莓酸奶

材料： 蓝莓果酱 150 克，酸奶 240 毫升。

做法：
① 酸奶倒入容器中，一般达到容器的 2/3 至 4/5 即可。
② 在酸奶中浇上蓝莓果酱，用搅拌棒搅拌至两者充分溶合，然后放入冰箱冷藏，食用时取出。

番茄土豆鸡末粥

材料：
番茄 250 克，鸡蛋黄 1 个，熟鸡肉末 100 克，软米饭 1 碗，土豆泥、香油各适量。

做法：
① 将番茄洗净，用开水氽烫后去皮榨成汁。
② 将蛋黄、软米饭、土豆泥、适量水放入锅内煮烂成粥。
③ 再将番茄汁、熟鸡肉末拌入蛋黄粥中，加少许香油即可食用。

香菇熏豆腐干

材料： 香菇 150 克，熏豆腐干 2 块，虾皮 15 克，盐、香油各适量。

做法：
① 香菇浸在水里泡开，煮熟，切丁。
② 将熏豆腐干切条，开水氽烫过备用。
③ 将熏豆腐干、虾皮、芹菜放入盘中，加入盐、香油或橄榄油拌匀即可。

大枣冬菇汤

材料： 大枣 50 克，冬菇 25 克，植物油 20 毫升，盐、鸡精各 1/2 小匙，黄酒 1 小匙，姜 3 克。

做法：
① 将冬菇洗干净；大红枣洗干净去核；姜洗干净切片备用。
② 将冬菇、红枣、姜片、盐、鸡精、黄酒、植物油放入蒸碗内，加水盖严，上笼蒸 60 ~ 90 分钟，出笼即可食用。

08. 待孕妈妈 补充蛋白质

富含蛋白质的食物

含蛋白质最多的食物是大豆，每 100 克含 36 克，其次是蛋类、瘦肉、乳类、鱼类、虾、黄豆、蚕豆、花生、核桃、瓜子等。

待孕妈妈补充蛋白质食谱

蘑菇炖豆腐

材料：嫩豆腐 1 块，鲜蘑菇 45 克，竹笋片 30 克，香油、鸡精、盐、素汤汁各适量。

做法：
① 将鲜蘑菇洗净放入沸水中焯 1 分钟，捞出，用清水漂凉，切成片。
② 将嫩豆腐切成小块，用沸水焯后，捞出备用。
③ 在砂锅内放入豆腐、笋片、鲜蘑菇片，加入盐和素汤汁，用中火烧沸后，改小火炖，加入鸡精，淋上香油即可。

第一章
孕前营养储备很重要

玻璃白菜

材料： 白菜550克，植物油50毫升，清汤1000毫升，盐适量。

做法：

① 将白菜洗净沥干水，切成条状略炸后，放入碗中，上锅蒸熟。

② 另起锅加水煮沸，倒入放有白菜的汤碗中，再加入盐即可食用。

家乡蔬菜面

材料： 番茄1个，蛋豆腐1盒，盐1小匙，葱花适量。

做法：

① 将番茄洗净，切薄片，取4片备

② 将铝箔纸折成与蛋豆腐（长、宽、高）一样，固定好，分别在四边各放入1片番茄片，再将蛋豆腐放入铝箔纸中。

③ 将调料撒在蛋豆腐上，入烤箱烤到蛋豆腐熟透、番茄片也入味后，即可食用。

海带炖酥鱼

材料： 小鲫鱼200克、海带80克，料酒、盐、酱油、醋、白糖、葱段、姜片各适量。

做法：

① 将小鲫鱼去内脏、鳞洗净；干海带泡发后切宽条，上锅蒸20分钟后备用。

② 将鱼摆在小锅内，在鱼上面放上一层海带，放上料酒、盐、酱油、醋、白糖、葱段、姜片。

③ 加水没过菜面，大火煮开后，改为小火焖至汤稠即可。

吃好孕期三顿饭

姜汁苋菜

材料：紫苋菜 300 克，姜汁 2 小匙，酱油、醋、鸡精各 1/2 小匙，香油 1 小匙。

做法：
① 将苋菜择洗干净，放入沸水中焯一下，捞起放入凉水中过凉，轻轻挤去水分沥干，放入盘中。
② 将姜汁、酱油、醋、鸡精、香油放入盘中，拌匀即可。

醋拌木耳

材料：水发木耳 50 克，芹菜 100 克，红辣椒 30 克，醋 3 大匙，白糖 1 大匙，盐 2/3 小匙，酱油 1/2 大匙，葱 15 克，高汤 2 大匙。

做法：
① 木耳用温水泡过后择掉根部，撕成适当大小，用水焯过后，稍洒一点醋。
② 将芹菜去筋，切成薄片，将葱切成 4 厘米见方的小段。
③ 锅中加入醋、白糖、盐、酱油、高汤，加热，将红辣椒切成碎块放入其中。将调料趁热浇在木耳和芹菜上，待冷却后即可食用。

鲜贝蒸豆腐

材料：鲜贝 300 克，豆腐 2 块，菜心 150 克，姜 10 克，豆酱 40 克，白糖、鸡精各适量。

做法：
① 将鲜贝剖开，取出贝肉洗净备用。
② 把豆腐切成 2 厘米厚，放入碟中，上面撒上鲜贝肉及姜丝、调料，放入蒸锅内用大火蒸 2 分钟。
③ 将菜心放入开水中焯熟，捞起排在碟边即可。

09. 维生素
个个不能丢

富含维生素的食物

维生素主要包括维生素 A、维生素 B₁、维生素 B₂、维生素 B₆、维生素 C、维生素 D、维生素 E 以及叶酸等。

含丰富维生素 A 的动物类食物有鱼、动物肝脏、牛奶、蛋黄；蔬菜如胡萝卜、番茄、南瓜、红薯等；水果如杏、李子、樱桃、山楂等。其中，含量最高的是各种动物肝脏和鸡蛋黄。

含维生素 B₁ 较多的食物有谷类、豆类、动物肝脏脏、肉类、蛋类、乳类、水果、蔬菜等，其中，含量最高的是花生仁和豌豆，每 100 克分别含 1.07 毫克和 1.02 毫克。

含维生素 B₂ 较多的食物有动物肝、腰子、蛋黄、酵母、牛奶、各种叶菜等，其中含量最高的是羊肝、猪肝和紫菜。

含维生素 B₆ 较多的食物有酵母、花生、谷类、豆类、鱼类，其中，含量最高的是羊肝和牛肝，每 100 克分别含 18.9 毫克和 16.2 毫克。

含维生素 C 较多是食物有新鲜蔬菜、水果和豆芽等，其中，含量最高的是鲜枣和辣椒，每 100 克分别含 540 毫克和 185 毫克。

含维生素 D 较多的食物有鱼肝油、蛋黄、牛奶及菌类、干菜等，其中含量最高的是鱼肝油。

含维生素 E 较多的食物有植物油类、坚果类、菌藻类、蛋黄、豌豆、花生酱等，其中，含量最高的是麦胚芽油，每 100 克达 149 毫克。

富含叶酸的水果有、桃子、橘子、猕猴桃、柠檬、李子、杏、杨梅、海棠、酸枣、山楂、石榴、葡萄、樱桃、草莓、桃子、香蕉等。含叶酸较多的其他食物有酵母、大豆制品、动物肝脏及绿叶蔬菜、坚果等。

待孕妈妈补维生素食谱

碧菠鱼肚

材料：菠菜 300 克，干鱼肚 50 克，胡萝卜花数片，高汤 1 杯，植物油、料酒各 1 小匙，白糖 1/4 小匙，盐、淀粉各 1/2 小匙，香油、胡椒粉各适量，姜 2 片，葱 1 根。

做法：
① 鱼肚浸透洗净，放入葱、姜，在开水中煮 2 分钟，取出切片，沥干水分。
② 将葱切成小段，姜切成片备用。
③ 菠菜择洗净，切段。
④ 烧热锅，下植物油放入菠菜、胡萝卜花炒熟，加入鱼肚及芡汁炒匀，即可装盘。

连理双味鱼

材料：鳜鱼 750 克，芝士 60 克，鸡蛋清 1 个。姜 20 克，葱 30 克，花椒油 5 克，料酒 8 克，盐 4 克，豆粉 50 克。

做法：
① 鳜鱼去内脏、骨、腮，洗净，切开按平。一半切鱼花一半切鱼片，然后将其加调料入味备用。将嫩葱叶剁细，芝士切成 1 厘米宽条形。
② 取入味后的鱼片，包入芝士成鱼包，然后裹豆粉，放入全蛋液中裹匀，蒸后炸一下即可。

金盏虾仁

材料：馄饨皮数张，虾仁 500 克，鸡蛋 1 个，香菇、白果、西蓝花、胡萝卜、黄瓜各适量，高汤少许，盐、水淀粉、鸡精各适量。

做法：
① 香菇、西蓝花、胡萝卜、黄瓜切丁备用。把馄饨皮蘸油摆在模具中，烤至金黄出炉，将虾仁用淀粉勾芡，盖上保鲜膜放入冰箱冷藏。
② 加入少许鸡精、盐、调味，最后加高汤放虾仁收汁起锅，装入烤好的金盏里。

10. 矿物质也要跟着补

富含矿物质的食物

据营养学家研究报告，每100克牡蛎含锌100毫克，每100克牛肉含锌4～8毫克，同样量的鸡肉则含3毫克，鸡蛋含3毫克，鸡肝含2.4毫克，花生米含2.9毫克，猪肉含2.9毫克。这些都是补充锌的理想食物。

含钙较多的食物有豆、奶、蛋黄、骨头、深绿色蔬菜、米糠、麦麸、花生、海带等。含碘较多的食物有海带、紫菜等。

待孕妈妈补矿物质食谱

蛋皮饭包寿司卷

材料：鸡蛋50克，生菜30克，苹果1/2个，火腿片10克，芦笋20克，大米饭100克，橄榄、鸡精各1/4小匙，米醋2小匙，白糖1小匙。

做法：
① 将鸡蛋去壳与调料搅匀，用平底不粘锅以小火煎成蛋皮。
② 将生菜切成碎丝，苹果、火腿片切成条，芦笋汆烫后，滤干切成段。
③ 大米饭与鸡精拌匀，在紫菜下铺保鲜膜再放上大米饭、蛋皮，铺平后再铺生菜丝，摆上苹果条、火腿肉条、芦笋段，卷起压紧成圆柱状切段即可食用。

海鲜面

材料：面条 150 克，香菇、菠菜各 20 克，虾、鲑鱼、蚵、花枝、姜丝，盐、酒、白胡椒粉各适量。

做法：

① 虾洗净，剔去肠泥，花枝洗净，十字切花，菠菜切段，香菇洗净切开备用。

② 鲑鱼、蚵洗净，去杂质。

③ 面条煮成五分熟时，加入虾、花枝、鲑鱼、蚵、香菇、菠菜、及姜丝煮至面条九分熟，再加入调味料拌匀即可。

木瓜炖鱼

材料：青木瓜 1/2 个，鲢鱼 1 尾，水 8 杯，盐 1 小匙。

做法：

① 木瓜洗净，鲢鱼处理后洗净备用。

② 木瓜切块，再放入水中熬汤，先以大火煮滚，再转小火炖 30 分钟。

③ 再将鱼切成块，与木瓜一起煮至熟，出锅前加入盐调味即可。

番茄豆腐

材料：番茄 1 个，蛋豆腐 1 盒，盐 1 小匙，葱花适

做法：

① 将番茄洗净，切薄片，取 4 片备用。

② 将铝箔纸折成与蛋豆腐 (长、宽、高) 一样，固定好，分别在四边各放入 1 片番茄片，再将蛋豆腐放入铝箔纸中。

③ 将调料撒在蛋豆腐上，入烤箱烤到蛋豆腐熟透、番茄片也入味后，即可食用。

第二章

怀孕
第一个月

第二章
怀孕第一个月

01.发育特征

第一周

医生根据最后一次月经的第一天来确定怀孕期，在产前记录上记为 LMP（末次月经标记）。怀孕期通常持续 280 天即 40 周。

第二周

在卵巢中开始孕育一个成熟的卵子，卵子被释放，进入输卵管，这个过程就被叫做排卵。排卵的时间通常是在下次月经到来之前的第十二到十六天。可能注意到此时阴道分泌物增多，无色透明。在排卵时某些妇女甚至感到下腹部轻微的疼痛。如果孕妇还没有开始补充叶酸，要尽快服用，并在孕期第一时期坚持服用。

第三周

妊娠开始。卵子与一个精子结合，形成一个独特的细胞，这个细胞将发育成可爱的宝宝。这标志着正式怀孕的开始。

第四周

子宫开始增大、变软，子宫颈充血水肿。当受精卵植入子宫内膜时可能有意外的流血。

第二章
怀孕第一个月

02.本月所需补充的营养

叶酸的补充

叶酸是 B 族维生素的一种,是细胞制造过程中不可缺少的营养素,对于孕期营养和健康极为重要,尤其在孕早期。因为叶酸会影响胎儿脑部和脊髓的发育,摄取不足将会导致胎儿神经管畸形(如脊柱裂)。孕妈妈在孕早期摄取足够的叶酸可有效地降低神经管畸形的发生。

孕妈妈每天需补充 0.8 毫克叶酸才能满足宝宝生长需求和自身需要。孕妈妈应多吃新鲜的蔬菜、水果,在烹制食物时需要注意方法,避免过熟,尽可能减少叶酸流失。

含叶酸丰富的食物	
绿色蔬菜	莴苣、菠菜、番茄、胡萝卜、芹菜、龙须菜、菜花、油菜、小白菜、扁豆、豆荚、蘑菇等
新鲜水果	橘子、草莓、樱桃、香蕉、柠檬、桃子、李子、杏、杨梅、海棠、酸枣、山楂、石榴、葡萄、猕猴桃、梨等
动物类	动物的肝脏、腰子、禽肉及蛋类,如猪肝、鸡肉、牛肉、羊肉等
豆类、坚果类	黄豆、豆制品、核桃、腰果、栗子、杏仁、松子等
谷物类	大麦、米糠、小麦胚芽、糙米等

蛋白质的补充

在孕早期蛋白质供给不足不仅会影响胎儿的身体和大脑的发育，也会增加妊娠期贫血、营养不良等发病率。在整个孕期孕妈妈需在体内约保留 1000 克蛋白质，其中一半供胎儿发育所需，其余分布于胎盘、子宫、羊水、乳腺和母体血液中。建议孕妈妈在孕中期每日增加蛋白质 15 克，孕晚期每日增加 25 克。

含优质蛋白质丰富的食物

畜禽类	牛肉、猪肉、羊肉、兔肉、鸭肉及蛋类等
坚果类	花生仁、南瓜子、西瓜子、核桃仁、葵花子等
奶类	牛奶、羊奶、豆奶、奶粉等
豆类	黄豆、大青豆、黑豆等，其中以黄豆的营养价值最高，是孕妇食品中优质的蛋白质来源

03.本月孕妈妈 特别关注

孕妇饮食不宜过酸

妊娠早期母体摄入的酸性药物或其他酸性物质，容易大量聚积于胎儿组织中，影响胚胎细胞的正常分裂增殖与发育生长，并易诱发遗传物质突变，导致胎儿畸形发育。妊娠后期，受影响的危害性相应小些。因此，孕妇在妊娠初期大约两周时间内，不宜服用酸性药物、大量酸性饮料和过多酸性食物。

孕妇吃饭宜细嚼慢咽

妇女在怀孕后，胃肠、胆囊等消化器官所有肌肉的蠕动减慢，消化腺的分泌也有所改变，导致孕妇消化功能减退。特别是在怀孕初期，由于孕期反应较强，食欲缺乏，食量相对减少，这就更需要在吃东西时引起注意，尽可能地细嚼慢咽，使唾液与食物充分混合，同时也有效地刺激消化器官，促使其进一步活跃，从而把更多的营养素吸收到体内。这对孕妇的健康和胎儿的生长发育都是有利的。

尽量避免服用药物

早孕时孕妈妈恶心、呕吐、食欲缺乏、体重下降，使孕妈妈的肝脏对药物的解毒功能受到一定影响，解毒能力有所下降。因此为保障胎儿正常发育，孕妈妈不要随便用药，尤其是雌性激素药，因为怀孕 15～40 天内药物最容易引起胎儿畸形，如果因病情需要用药必须在医生的直接指导下谨慎使用。

04.本月推荐
营养菜谱

香菇米饭

材料：糯米 400 克，猪瘦肉 100 克，香菇 30 克，姜、虾米、盐、植物油、酱油、料酒各适量。

做法：
① 糯米洗净后用水浸泡 8 小时。
② 猪瘦肉、香菇切细丝，虾米泡软。
③ 姜带皮拍软后切末。
④ 电饭煲中倒入少量植物油，接通电源。
⑤ 热后放入姜末、猪瘦肉丝，略炒至变色，放虾米、香菇、料酒、酱油、盐。
⑥ 把泡发好的糯米倒入锅中，加入水，像蒸米饭一样蒸熟即可。

麻酱拌四季豆

材料：四季豆 250 克，蒜蓉 1 小匙，植物油 2 小匙，芝麻酱 3 大匙，花椒、盐、鸡精各 1/2 小匙。

做法：
① 将四季豆去筋，洗净，开水焯熟，冷开水浸凉后捞出沥水，切段，放入盘内。
② 将油锅烧热，放入花椒炸出香味，捞出花椒不要，即成花椒油。
③ 把芝麻酱用凉开水调稀，加入花椒油、盐、鸡精、蒜蓉调匀，浇在四季豆上即可食用。

第二章
怀孕第一个月

特色温拌面

材料：面条、黄瓜丝、熟肉丝、香菜各适量，鸡汤、酱油、香醋、芝麻酱、盐、鸡精、香油各适量。

做法：
① 将芝麻酱加入少许盐和开水调稀。把香菜切成细末。把酱油、香醋、鸡汤、鸡精、香油调成调味汁。
② 面条煮熟放凉装盘，加入黄瓜丝、熟肉丝、香菜末，浇入芝麻酱和调味汁即可。

虾肉水饺

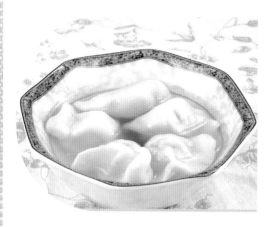

材料：虾肉150克，猪肉泥400克，韭菜末300克，水调面团1 200克，葱花、盐、鸡精、料酒、酱油各适量。

做法：
① 将虾肉、猪肉泥、韭菜末加盐、鸡精、料酒、酱油搅匀成虾肉馅。
② 将面团揉成长条，揪成小块，擀成中间厚周边薄的圆形面皮，包入虾肉馅，捏成饺子。
③ 把锅置火上，将水烧沸，倒入饺子煮熟，撒入葱花即可。

山药芝麻粥

材料：大米70克，山药20克，黑芝麻150克，鲜牛奶240克，冰糖适量。

做法：
① 大米淘洗干净，浸泡1小时，捞出沥干；山药切成小块；黑芝麻炒香，一起倒入搅拌机，加水和鲜牛奶搅碎，去渣留汁。
② 把锅放在火上，放入水和冰糖烧沸溶化后倒入浆汁，慢慢搅拌，煮熟即可。

参枣米饭

材料：糯米 250 克，党参 10 克，大枣 20 克，白糖适量。

做法：

① 将党参、大枣泡发，加水煮 30 分钟。捞出党参、大枣，汤中加入白糖搅匀，做成甜参枣汁。

② 把糯米淘洗干净，加适量水蒸熟后倒扣在盘中，摆上党参、大枣，倒入甜参枣汁即可食用。

银耳鹌鹑蛋枣汤

材料：银耳 1 个，鹌鹑蛋 8 个，大枣 6 个，冰糖、水各适量。

做法：

① 将银耳泡发，除去杂蒂，放入碗中加水上锅蒸熟透。

② 将鹌鹑蛋煮熟剥皮。

③ 砂锅中放入冰糖和水，煮开后，放入银耳、鹌鹑蛋，即可。

香菇肉粥

材料：大米 1 小碗，猪肉馅 120 克，香菇 3 朵，芹菜、虾干各 40 克，酱油、胡椒粉各 1 小匙。

做法：

① 将香菇、芹菜分别洗净切成细丝；猪肉馅加入一半酱油拌匀；将大米煮成稀饭。

② 用中火爆香香菇，加入肉馅、虾干炒熟，再加入半熟稀饭，用中火焖 15 分钟，放入胡椒粉及芹菜末即可。

第二章

怀孕第一个月

蟹肉丸子

材料： 蟹肉 150 克，火腿 40 克，荸荠 25 克，盐 3 克，姜末 5 克，葱末 6 克，鸡汤 75 克，鸡油 10 克。

做法：

① 将蟹肉、荸荠、火腿切成末。

② 把其余的材料混合在一起，加上已调好的调味料搅拌成馅。

③ 把肉馅挤成小丸子，炸成浅黄色时捞出备用。将鸡汤蒸 15 分钟取出，把丸子倒入鸡汤中，淋鸡油即可。

蛋丝沙拉

材料： 生菜、紫甘蓝、红辣椒、芹菜、火腿各 50 克，鸡蛋 3 个，沙拉酱适量。

做法：

① 将紫甘蓝、红辣椒和芹菜分别洗干净切成丝，然后放在开水中焯一下，沥干水分备用。

② 将生菜、火腿也切丝备用；把鸡蛋打匀，摊成蛋皮，切成条备用。

③ 将准备好的原料一起装盘，拌入沙拉酱即可。

奶油扒双珍

材料：

菜花、西蓝花各 400 克，粟米、胡萝卜块各 15 克，盐、糖、胡椒粉各 3 克，牛油 25 克，鲜奶 40 克，蒜蓉 4 克。

做法：

① 将粟米、胡萝卜块洗净；菜花、西蓝花掰成小朵，沥干水分，放入蒜蓉在锅中爆香，取出后放入盘中备用。

② 牛油用小火炒至微黄色，再慢慢加入鲜奶，加粟米、胡萝卜粒及调料拌匀，淋在菜花上即可。

鲫鱼汤

材料：鲫鱼1条，黄豆芽150克，香菇60克，盐4克，葱段、姜片、料酒、酱油各10克，水淀粉12克，植物油适量。

做法：

① 将鲫鱼洗净，两面剞上"十"字花刀。锅内加油下入鲫鱼炸硬捞出。

② 下入葱段、姜片爆香，烹入料酒，加汤烧开，下入炸好的鲫鱼略烧。

③ 加入香菇、黄豆芽，加入酱油、盐烧至熟透，水淀粉勾芡，出锅即可。

银鱼炒蛋

材料：银鱼250克，鸡蛋4个，料酒、盐各适量。

做法：

① 将银鱼洗净，加盐、料酒、鸡精、葱花拌匀腌渍；鸡蛋磕入碗内，加盐拌匀。

② 将锅置火上，下油烧热，倒入银鱼炒熟后装盘。锅中下油烧至六成热，倒入鸡蛋液，快速翻炒至结块，再倒入银鱼炒匀，即可起锅装盘。

香菜黄豆汤

材料：香菜20克，大豆35克，植物油3小匙，盐1小匙。

做法：

① 将黄豆洗干净，香菜切成段。

② 坐锅点火，加入2碗清水，放入黄豆，煮至1碗的量，加入植物油，用盐调味即可食用。

第二章
怀孕第一个月

黄焖鸭肝

材料：鸭肝200克，鲜木耳10克。葱6克，姜片5克，胡椒粉适量，花生油10克，盐5克，鸡精3克，香油1克，料酒、水淀粉适量。

做法：

① 锅内加水，待水开时下入鸭肝，用中火稍煮一会儿，倒出冲洗干净。将鸭肝切片，鲜木耳洗净切片，葱切段。

② 在锅内倒入适量食用油，炝锅并倒入主料和水，用中火焖至快熟时，放入调味料，再用水淀粉勾芡，出锅前淋上香油即可食用。

香酥鹌鹑

材料：鹌鹑4只，酱油、生姜、葱、料酒、白糖、盐、香料、植物油各适量。

做法：

① 将鹌鹑洗净放碗内，加酱油、盐、料酒、白糖、香料、生姜、葱腌渍1小时，然后上笼蒸熟，取出晾凉。

② 把锅放在火上，在锅内倒入适量植物油烧至八成热，放入鹌鹑炸至皮脆肉酥，捞出，改刀装盘即可。

生姜炖牛肚

材料：熟牛肚600克，生姜30克，砂仁12克，陈皮、草果各6克，料酒12克，盐3克，鸡精2克，香油5克。

做法：

① 在锅内放入清汤，下入陈皮、草果煮10分钟。

② 生姜切成条，牛肚也切成条，下入沸水锅中焯透捞出。

③ 陈皮汤中下入其余材料炖20分钟，加料酒、盐、鸡精，出锅盛入汤碗，淋入香油即可。

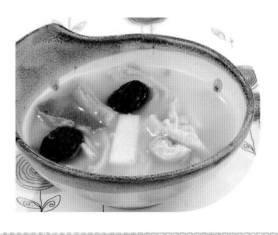

红烧肉

材料：带皮猪肉 350 克，植物油 35 克，酱油、盐各适量，料酒 28 克，糖 15 克，茴香少许，葱、姜各 20 克。

做法：

① 将葱切段，姜拍破；将带皮猪肉去毛、洗净，切块。将切好的肉用酱油稍腌入味，再用油炸至肉皮呈棕红色捞出。

② 肉放入锅中，加水、葱、姜、大料、酱油、盐、料酒、糖；大火烧开，小火焖至肉熟烂，呈深红色时即可。

香菇烧鲫鱼

材料：鲫鱼 2 条，砂仁 3 克，生姜、葱段、料酒、盐、鸡精、胡椒粉、植物油各适量。

做法：

① 把鲫鱼洗净，鱼腹中塞入砂仁。

② 锅置火上，下油烧热，放入生姜、葱段煸香，放入鲫鱼略煎，烹入料酒，加清水大火烧开，改中火烧至汤色乳白，加入盐、鸡精，撒入胡椒粉即可。

糖醋黄鳝鱼

材料：净黄鳝鱼 150 克，笋片 125 克。葱段 20 克，辣椒 30 克，蒜蓉 15 克，植物油 500 克，糖醋汁 100 克，水淀粉 12 克，香油适量。

做法：

① 将黄鳝鱼洗净沥干，剞"井"字纹后剁成块。鳝鱼肉块过油，加调味料炒透。

② 用糖醋汁、水淀粉调匀勾芡，再加适量香油，炒匀装盘即可食用。

05. 优育提纲

孕妈妈应该这样做

1 从孕前就开始补充的叶酸现在不要停止，每日仍然摄入叶酸400微克，最早至孕早期结束，如有需要，整个孕期都可以坚持服用。

2 要选择易消化吸收、利用率高的蛋白质，如鱼类、乳类、蛋类、肉类和豆制品，每天保证摄取150克以上的主食。

3 由于怀孕初期反应较强烈，食欲缺乏，在吃东西时尽可能细嚼慢咽，使唾液和食物充分混合，把更多的营养吸收到体内。

4 从现在开始，随时注意自己体重的变化，以每周增长不应超过500克为宜。

5 补钙的同时还要注意补充维生素D，以保证钙的充分吸收和利用。

孕妈妈不要这样做

1 从现在开始不要再吃含有添加剂、色素和防腐剂等食品。尽量少吃腌制、熏制、烧烤类食物。

2 不要同时服用多种综合性的营养补充品，以免造成营养过剩，影响身体健康。

3 从现在开始就暂时叫停甜蜜性生活，因为孕早期胎盘尚未发育完全，如果此时进行性生活，容易引起子宫缩，导致流产。

4 美白祛斑霜、口红、指甲油、染发剂等化妆品就暂时收起来吧。

5 不要洗热水浴。怀孕最初3个月，如果体温持续在39℃以上，很容易使胎儿脊髓缺损，因此洗澡的水温要控制在38℃以下。

06.保健护理

健康护理

怀孕是人生中的大事,它不仅代表着新生命的诞生,也宣告着新的开始与新的希望。然而,在满心期待,欢欣鼓舞地拥抱新生命的同时,孕妈妈必须先经历 10 个月的辛苦路程——恶心、呕吐、尿频、腰酸背痛、睡不好、乳房胀痛等等,孕妈妈已经做好心理准备了吗?

★ 妊娠剧吐

女性怀孕之后,胎盘即分泌出绒毛膜促性腺激素,会在一定程度上抑制胃酸的分泌。胃酸分泌量的减少,使消化酶的活力大大降低,从而影响孕妈妈的食欲和消化功能。这时,孕妈妈就会出现恶心、呕吐、食欲缺乏等症状。很多孕妈妈,在早期妊娠会发生恶心、呕吐、乏力等症状,医学上称为早孕反应,这是正常的生理现象,会自行消失。

可是,少数孕妈妈呕吐较为严重,一见到食物就频频呕吐,甚至连喝水也吐,结果发生严重的水、电解质紊乱症状:口渴、烦躁、尿少、形体消瘦,精神萎靡、眼眶下陷等。病因尚不明确,可能与绒毛膜促性腺激素水平较高有关,但症状的轻重,个体差异很大,不一定和激素含量成正比。神经功能不稳定、精神过度紧张的年轻孕妈妈常会有较重而持久的妊娠呕吐。

这是由于大脑皮质与皮质下中枢功能失调,致使丘脑下部自主神经功能紊乱所致。

妊娠剧吐的影响

1. 对胎儿的影响：胎儿生长发育所需的营养，全部靠母体的胎盘供给，因而孕妈妈的营养直接关系到胎儿在子宫内的生长发育和出生后的健康。妊娠的前3个月是胚胎初步形成的关键时期，这个时期如果缺乏营养，就会造成一些严重的不良后果，如流产、早产、畸胎、宫内发育迟缓，甚至发生胎儿宫内死亡。

2. 对孕妈妈的影响：因发生妊娠剧吐时，孕妈妈吃进去的食物几乎都呕吐出来，使得孕妈妈得不到足够的营养物质，致使孕妈妈的体重下降，抵抗力降低，以至于容易感染疾病。严重时还会危及孕妈妈的生命。

发生妊娠剧吐怎么办

1. 避免精神过度紧张：妊娠反应是生理反应，多数孕妈妈经过一两个月就会过去，因此要以"向前看"的心态度过这一阶段。当孕妈妈感到身体不适时要及时休息，还要学会转换情绪，多做自己喜欢做的事情，例如看看自己的婚纱照或整理一下自己的心爱之物等等，这样可以使孕妈妈自我感觉良好，心情愉快，减轻妊娠剧吐所带来的反应。

2. 不必控制日常饮食：这个时期胎儿的营养供给很重要，如果得不到充分保障，会严重影响胎儿的变化发育。饮食不要求规律，想吃就吃，可少食多餐，不必过多考虑食物的营养价值，避免胃内空虚，可备些饼干、点心等随时食用，这样可以缓解恶心呕吐。根据个人爱

好调味，以增进食欲，避免不良气味刺激，如炒菜味、油腻味等。便秘能加重早孕反应程度，所以孕妈妈要特别提防便秘。要多吃蔬菜、水果，注意补充水分，可以饮水果汁、糖盐水或淡茶水等。通过利尿，可将体内有害物质从尿中排出。

3. 按时做围产期检查：如果当尿液检查发现酮体为阳性时，即应住院治疗。最初两三天可能需要禁食，主要通过静脉输液补充营养及纠正酸碱及水电解质平衡，一般经上述治疗后，病情可迅速好转，呕吐停止，尿量增加，尿酮体由阳性转为阴性，食欲好转。此时可给予少量流食，并逐渐增加进食量或改进饮食。

呕吐严重，进食困难者应住院治疗，防止肝肾功能的损害。如经1周的治疗仍持续呕吐，体温超过38℃，黄疸加重、谵妄、昏睡，出现视网膜出血，多发性神经炎者，应考虑终止妊娠。

第二章
怀孕第一个月

★ 尿频

怀孕以后，孕妈妈开始频频光顾卫生间，这就是尿频、便秘等妊娠反应惹的祸。尽管这是大多数孕妈妈都会遇到的情况，但为了能享受到怀孕的快乐，应尽力想办法缓解。

尿频现象出现的原因

"解尿"对一般人而言，是一种很正常的生理症状。所谓的"尿频"，意思是白天解尿次数超过7次，晚上解尿次数超过2次以上，且解尿的间隔在2个小时以内。处于孕期中的孕妈妈，特别是在怀孕初期与后期，很容易有尿频的症状发生。

怀孕的前3个月，尿频的症状比较明显，到了孕期的第四个月，子宫出了骨盆腔而进入腹腔中，症状慢慢地减缓。进入怀孕后期，约38周左右，胎头下降，使得子宫再次回到骨盆腔内，尿频的症状就又变得较明显，甚至有时还会发生漏尿。

怎样缓解尿频现象

孕妈妈要缓解孕期频尿现象，可从日常生活和饮水量改变做起。也就是说，平时要适量补充水分，但不要过量或大量喝水。外出时，若有尿意，一定要上厕所，尽量不要憋尿，以免造成膀胱发炎或细菌感染。另外，孕妈妈一旦了解尿频是孕期很正常的生理现象，忍耐力自然会增强。

吃好孕期三顿饭

★ 腰酸背痛

随着肚子一天天隆起，站立时身体的重心一定要往后移才能保持平衡。这种长期采用背部往后仰的姿势会使平常很难用得到的背部和腰部肌肉，因为突然加重的负担而疲累酸疼。除此之外，黄体素使骨盆、关节、韧带软化松弛，易于伸展，但也造成腰背关节的负担。怀孕时期，体重急剧增加，激素分泌改变，整个身体会有些微水肿、韧带松弛等现象发生。在怀孕初期，由于这些现象并不会对身体造成太大影响，因此，孕妈妈并不会感到腰酸背痛或行动不便，但是到了怀孕中、后期，随着肚子逐渐变大、体重增加，孕妈妈就会开始行动不便，甚至经常出现腰酸背痛、小腿抽筋、下肢水肿等症状。其实，这些症状都属孕期的正常现象，孕妈妈不要每天忧心忡忡。腰酸背痛令孕妈妈感到困扰，影响心情。其实要舒缓腰背疼痛，也有很多方法，以下方法可帮助各位挺着大肚子的孕妈妈。

维持良好的姿势

最重要的就是不要弯腰驼背，否则，压力往下时，脊柱就会不自主地弯曲，当然就容易造成腰酸背痛。所以，姿势正确、抬头挺胸，让重量平均放在骨骼上，是预防和减缓腰酸背痛的最有效方法。

借助腹带

市面上售有托腹带及侧睡枕，孕妈妈在平时使用托腹带，将肚子托高，可以减轻腹部的负担；而侧睡枕则可在睡觉或采取坐姿时使用，可以避免腰部悬空，同样减轻腰部的压力。

各种舒缓运动

孕妈妈平日可定时和适度做运动，促进身体血液循环，增强腹部、背部及骨盆肌肉张力，这不仅可减轻腰酸背痛，还可刺激肠蠕动，预防便秘，维持身体健康及为分娩作准备。当然应该请医生评估是否能从事较轻松的运动，如散步、柔软体操等，或是应该卧床多休息。除了上述缓解方法，孕妈妈亦要经常细心观察症状，因为腰痛伴随阴道出血且疼痛剧烈，就会有流产或早产的可能，或是否宫外孕。如疼痛严重到影响活动，并伴有坐骨神经痛时，亦可能引起严重病症，应及早就诊。

第二章
怀孕第一个月

胎教保健

在怀孕的前3个月，孕妈妈的生理反应，如恶心、呕吐、乏力、食欲缺乏等，往往影响孕妈妈的心情、情感与心理平衡，容易烦躁、发怒或激动、抱怨。而恰恰此阶段是胎教的开始阶段，又是胚胎各器官分化的关键时期（胚胎于此阶段形成）。孕妈妈的情绪会通过内分泌的改变影响胎儿的发育，孕妈妈在怀孕早期的不愉快心情，会对胎宝宝造成巨大的影响。因此，怀孕早期保持健康而愉快的心情是这一时期胎教的关键。

★ 给胎儿的最好保护是宁静

科学家们在研究中发现，孕妈妈在妊娠期间的所想所闻，乃至梦中的感觉，都可以转变为内环境的变化信息，在不知不觉中传给胎儿，而恶劣的情绪必然给胎儿带来不良影响。有研究证实，多动症患儿在胚胎期，母亲都曾有过较大情绪波动和心理困扰的过程。

其实，只要清楚地意识到自己要当母亲了，很好地控制自己的情绪就行了。只有感情丰富，情绪稳定的孕妈妈，才有可能生育一个感情丰富，才智不凡的孩子。

★ 简单有效的胎教方法

每个妈妈都希望自己的宝宝再聪明一点，因此把宝宝的智力开发提前到了胎儿时代，科学合理地对胎儿进行胎教，有助于胎儿的智力和人格的发展。那么，究竟怎么做才能让胎教发挥其应有的作用呢？

胎教外环境

尽量创造在一个轻松、愉快的生活环境里，使孕妈妈情绪愉快稳定。准爸爸和家人都要给孕妈妈以更多的关怀和宽慰。适当控制看电视的时间，孕妈妈看电视时也不要靠电视太近，3米左右比较安全；孕妈妈的房间不要放太多家用电器，尤其是电脑和电冰箱不宜放在孕妈妈的房间；不要用电热毯取暖，也要尽量少用微波炉。

胎教内环境

孕妈妈本身的情绪和心情对胎儿也有影响。通常，孕妈妈的不良情绪会对孩子的心理发展造成一定的不良影响，不良情绪也会对孩子的性格起到一定的负面作用。孕妈妈应随时调整自己的情绪，一旦发现自己正在陷入忧郁焦虑中，应立刻想办法疏导或转移注意力，可以通过看书看报或看电视来缓解孕妈妈紧张的情绪，让自己开朗起来。

运动保健

怀孕初期，由于腹部并没有增大，很多人仍然像以前一样运动，其实这是不应该的，尤其在孕早期，胎儿还很脆弱，需要孕妈妈的精心呵护。

★ 孕妈妈做饭的注意事项

许多孕妈妈在外工作，回到家还需要做家务，其中做饭是很重要的家务。但是孕妈妈在做饭时，有一些需要注意的问题。寒冷刺激有诱发流产的危险，所以孕妈妈在淘米、洗菜、做饭时，尽量不要把手直接浸入冷水中，尤其在冬春季更应该注意。厨房的油烟也对孕妈妈不利，会危害腹中的胎儿，所以厨房中应安装抽油烟机。孕妈妈早孕反应重的时候，应避免去厨房，以免加重恶心呕吐。在烹饪过程中，注意不要让厨房的台面直接压迫腹部，保护好胎儿。炒菜和炸食物时油温不宜过高。

★ 怀孕时做家务有好处

有些孕妈妈担心干活会引起流产或对胎儿不利，在孕期不愿工作，经常请假休息，家务活也全都包在丈夫或家人身上。这种想法和做法对孕妈妈和胎儿并无帮助，还会产生不良影响。整天卧床休息，孕妈妈胃肠蠕动减弱，消化功能降低，出现食欲减退，营养不良或便秘。还会感觉多处不适，加重妊娠反应，并易出现精神不振、乏力、头痛、情绪急躁等不良现象。总之，孕妈妈不宜长期卧床，应坚持一般日常工作及家务劳动。晚期妊娠时可适当减少工作量，接近分娩时可提前两周休息。

第二章
怀孕第一个月

★ 散步

这是一项对于孕妈妈来说最好的运动，散步既可以保持体重，又不会给膝盖和脚踝造成冲击，如果你不经常运动，这也是最容易开始的一项运动。专家建议下班回家的孕妈妈在晚饭后散散步。开始可以走慢些，路程定为1千米，每周3次。以后每周增加几分钟，适当增加些爬坡运动。开始的5分钟要慢走，以便热热身；最后的5分钟也要慢走，使身上的汗晾干。散步时如果有疲劳、眩晕等症状出现，应立即停止。如果在散步时连话也说不出，这说明孕妈妈运动过猛，应该避免这种情况。散步的时候要带上一瓶水，防止脱水，脱水会导致宫缩并且使体温升高，有时候甚至会升高到对你和孕儿都很危险的温度。当体温超过39℃会影响胎儿发育，尤其是在怀孕初期的3个月内，很容易导致新生儿缺陷。所以，天气热时，要注意适度散步。

★ 直立运动

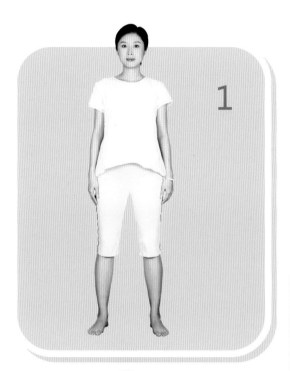

◀直立，足与肩同宽，胸部略挺，自然呼吸。

▼练习过程中眼睛闭上，双膝放松，不要咬紧牙齿，舌头保持柔软平放在口腔底禁食部，不要抵住上颚，先放松胃部肌肉，然后是臀部肌肉。这种柔软的感觉继续顺着双腿，经过双膝到达双脚。

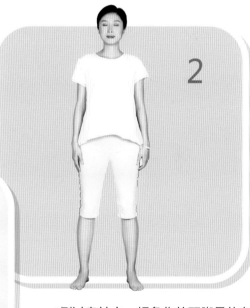

◀侧过身站立，想象你的双脚是扎在土地里不断生长的根，感觉一天的不适和压力都从大脑出来，顺着脊柱和腿，从脚板排除。这个姿势保持的时间越长，身体感觉越平静。注意练习中呼吸要保持平稳。

★ 足部运动

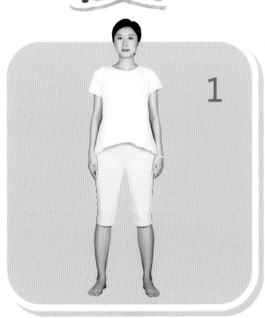

1

◀直立，足与肩同宽。

▼足部肌肉运动可以借脚趾的弯曲
进行，用脚趾夹玩具。

2

3

◀左右摆动双脚，可以达到运动足部
肌肉的目的。怀孕时因体重增加，往
往使腿部和足弓处受到很大的压力，
因此，应该随时注意足部的运动，以
增强肌肉力量，维持身体平衡。

★ **腿部运动**

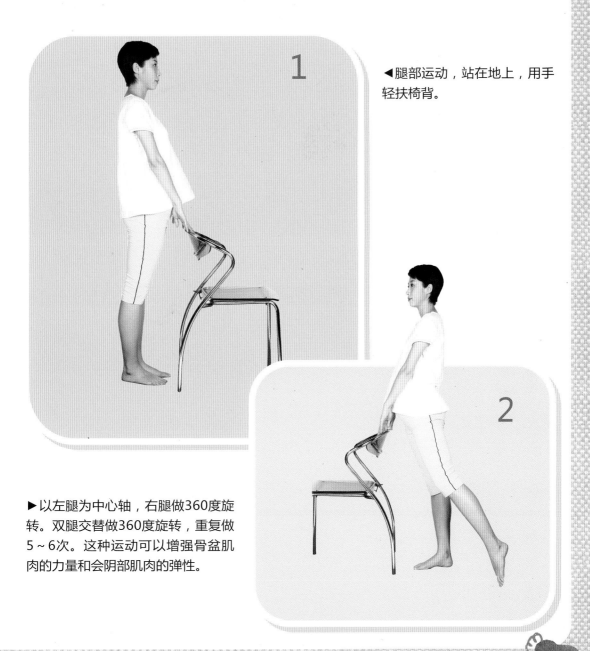

◄ 腿部运动，站在地上，用手轻扶椅背。

▶ 以左腿为中心轴，右腿做360度旋转。双腿交替做360度旋转，重复做5～6次。这种运动可以增强骨盆肌肉的力量和会阴部肌肉的弹性。

第三章
怀孕
第二个月

第三章
怀孕第二个月

01. 发育特征

母体变化

★ 第五周

经没有按时来，可以用购买的怀孕测试盒测试，以便证实是否怀孕。

一旦证实，马上与保健医生预约。

★ 第六周

由于激素刺激乳腺，会感到乳房胀痛，乳头突出会更明显。乳晕，也就是乳头周围的那一圈棕色皮肤，颜色加深。

由于乳房的血液供应增加，透过皮肤可以看到青蓝色的静脉。

★ 第七周

开始出现恶心呕吐，即"早孕反应"，并感到很疲劳。恶心的情形因人而异，有的人在整个怀孕期间几乎没有恶心的感觉，但是，也有很多人从这个时期开始就出现严重的恶心呕吐现象。恶心现象在空腹时尤为严重，只要是闻到某些食物的气味，马上感到恶心甚至呕吐，孕妈妈应该努力找到适合自己的改善恶心的办法。心率增快，新陈代谢率增高了25%。

★ 第八周

第一次产前检查时间应定于从现在起1～2周。产前检查包括身体检查，测血压，还有一些常规检查。还可能用超声波来确定预产期。

专家提醒

在怀孕的日子里，身体将会发生一系列变化，这会让孕妈妈深刻地体会到为人母的喜悦，当然也会增加许多担心。

孕妈妈会迫切地想了解很多问题，比如：宝宝情况怎么样了，宝宝什么时候会动，怎样让宝宝更健康，更聪明，自己应该注意哪些方面，如何顺利分娩……

孕妈妈不仅要积极学习关于孕期及胎儿成长的相关知识，同时还应该以轻松愉快的心情，每天坚持记录属于你自己的独特的怀孕日记，因为这段时间，是孕妈妈与自己的宝宝以及亲友们共同度过的一段不平凡的日子，这不仅是给宝宝，也是给自己的一份特殊的礼物。

第三章

怀孕第二个月

胎儿变化

★ 第五周

这个时期胚胎已经在子宫内着床,完成着床大概需要4～5天。此时已经可以辨认出最原始的结构胚盘和体带。胚体浸泡在羊水中,由如自由游动的鱼,母体和胚胎的联系已很紧密。

★ 第六周

第六周后,胚胎正在迅速地成长,宝宝心脏已经开始划分心室,并进行有规律地跳动及开始供血。主要器官包括初级的肾和心脏的雏形都已发育,神经管开始连接大脑和脊髓,原肠也开始发育。

★ 第七周

心、肠、胃、肝等内脏及脑部开始分化,足、手、口、眼、耳等器官已形成,越来越接近人的形体,但仍是小身大头。绒毛膜更发达,胎盘形成、脐带出现,母体与胎儿的联系非常密切。

★ 第八周

现在胚胎已经有了一个与身体不成比例的大头。胚胎的面部器官十分明显,眼睛就像一个明显的黑点,鼻孔大开着,耳朵有些凹陷,当然,眼睛还分别长在两个侧面。内外生殖器的原基能辨认,但从外表上还分辨不出性别。

沿着胎儿脊椎,神经管闭合,而且在神经管一端形成了初期的脑室(大脑内部的空腔,腔内积满脑脊液)。同时,心脏管融合并开始收缩。此外,肝脏和胰脏、甲状腺、肺等器官也开始呈现出原始的形态。

胎儿大脑发达必须具备的三个条件:

1. 大脑细胞数目要多。

2. 大脑细胞体积要大。

3. 大脑细胞间相互连通要多。

这三点缺一不可,根据人类大脑发育的特点,脑细胞分裂活跃又分为三个阶段:孕早期、孕中晚期的衔接时期及出生后的3个月内。

人的大脑主要由脂类、蛋白类、糖类、B族维生素、维生素C、维生素E和钙这7种营养成分构成。

其中脂质是胎儿大脑构成中非常重要的成分。胎脑的发育需要60%脂质。脂质包括脂肪酸和类脂质,而类脂质主要为卵磷脂。充足的卵磷脂是宝宝大脑发育的关键。胎脑的发育需要35%的蛋白质,能维持和发展大脑功能,增强大脑的分析理解及思维能力。

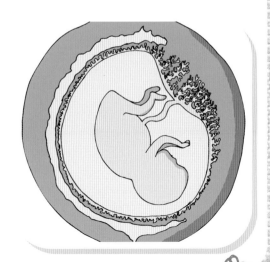

02. 本月所需补充的营养

继续补充叶酸

叶酸是胎儿神经发育的关键营养素，孕2月是胎儿脑神经发育的关键时期，脑细胞增殖迅速，最易受到致畸因素的影响。如果在此关键期补充叶酸，可使胎儿患神经管的危险性减少。人体内叶酸总量在5～6毫升，但人体不能合成叶酸，只能从食物中摄取，加以消化吸收。孕妇每天补充400～800微克叶酸才能满足胎儿生长需求和自身需要。菜花、油菜、菠菜、番茄、蘑菇、豆制品、坚果中都含有丰富的叶酸。

补充钙元素

含钙量高的食品包括奶制品、鱼、虾、蛋黄、海藻、芝麻等，对于有足量乳类饮食的孕妈妈，一般不需要额外补给钙剂。对于不常吃动物性食物和乳制品的孕妈妈，应根据需要补充钙剂，补钙的同时，还需注意补充维生素D，以保证钙的充分吸收和利用。

03. 孕妈妈 没食欲怎么办

食物形态要引发食欲

既要做到吸引人的视觉感官，同时还要做到清淡爽口、富有营养。如番茄、黄瓜、辣椒、山楂、苹果等，它们色彩鲜艳，营养丰富，易诱发人的食欲。

食物选择要科学

选择的食物要易消化、易吸收，同时能减轻呕吐，如烤面包、大米或小米稀饭。干食品能减轻恶心、呕吐症状，大米或小米稀饭能补充因恶心、呕吐失去的水分。

04.本月孕妈妈 特别关注

孕妈妈不宜吃火锅

人们在吃火锅时，都习惯把鲜嫩的肉片放到煮开了的汤料中一烫即进食，然而这短暂的加热却不能杀死寄生虫的幼虫，进食后幼虫会在肠道中通过肠壁随血液扩散至全身。孕妈妈在受寄生虫幼虫感染时，大多无明显不适，或者仅有类似感冒的症状，但是幼虫却可以通过胎盘来感染胎儿，感染严重的会发生流产、死胎，或者影响胎儿脑的正常发育，发生小头、无脑儿等畸形。因此，孕妈妈不宜吃火锅。

小心这些易造成流产的食物

在怀孕期间孕妈妈要特别注意饮食，因为有一些食物会有失去宝宝的危险。

★ 螃蟹

螃蟹的味道鲜美，但其性寒凉，有活血祛淤之功效，所以对孕妈妈是不利的，尤其是蟹爪，有明显的堕胎作用，建议孕妈妈不要食用。

★ 芦荟

中国食品科学技术学会提供的资料显示，怀孕中的女性若饮用芦荟汁，会导致骨盆出血，甚至造成流产。对于分娩后的女性，如果芦荟的成分混入乳汁，会刺激孩子，引起下痢。芦荟本身就含有一定的毒素，中毒剂量为 9 ～ 15 克。

05.本月推荐营养菜谱

木耳猪皮汤

材料： 猪肉皮 300 克，水发木耳 100 克，油菜 100 克，花椒、八角、精盐、味精各 1/2 小匙，香油 2 小匙，葱丝、姜丝各 5 克。

做法：

① 将猪肉皮洗净切块，入沸水中氽烫后捞出，再置于锅内，放入清水、葱丝、姜丝、花椒、八角，烧沸后撇去浮沫，改小火煮约 1 小时，捞出沥水。

② 将水发木耳洗净撕碎；油菜洗净切段。

③ 另起锅 注入清汤 放入猪皮、木耳、油菜 加入葱丝、姜丝、精盐，用大火烧开，撇去浮沫，用小火煮一会，加味精调味，滴入香油，盛入汤碗即可。

木耳荸荠带鱼汤

材料： 带鱼 1 条，荸荠 10 个，木耳 60 克，盐 5 克，姜片 12 克，葱段 4 条，鸡精 6 克，胡椒粉、油适量。

做法：

① 将带鱼剖洗干净，去掉头、尾，切成段；荸荠去皮，木耳切片备用。

② 在锅内倒入油，放入带鱼用中火煎香，捞起滤油。再放入荸荠、木耳、姜片、葱段煲 2 小时后，加入少量胡椒粉即可。

第三章
怀孕第二个月

牛蒡炒肉丝

材料： 牛蒡1根，牛肉丝70克，熟芝麻1小匙，酱油1/2大匙，盐1小匙，淀粉2小匙，油适量。

做法：

① 牛肉丝加酱油、淀粉拌匀。将2大匙油加热，加入牛肉丝稍炒，即盛起。

② 牛蒡削皮，洗净后切成细丝，用清水浸泡。

③ 锅中续放1大匙油加热，将牛蒡丝沥干下锅拌炒，待快熟时，再倒入牛肉丝，并加盐调味，炒至熟时盛起，撒上熟芝麻即可食用。

黄豆猪骨汤

材料： 猪脊骨350克，黄豆60克，陈皮1/4个，姜3片，盐、胡椒粉各适量。

做法：

① 将猪脊骨斩件，放入滚水中煮4分钟，然后捞起沥净。

② 黄豆、陈皮洗净备用。

③ 把所有材料放入锅内，加入清水，用大火煲滚后改用小火煲3小时，放入姜片、盐、胡椒粉即可食用。

茄汁味菜牛柳

材料： 牛柳肉200克，味菜220克，葱段、青红椒、洋葱各12克，鸡蛋半个，糖、淀粉、甜茄汁、酱油各适量。

做法：

① 将牛肉、葱段、青红椒切丝，用调料拌匀，腌渍12分钟。味菜切片，放入滚开的水中煮4分钟，捞起备用。

② 放入牛柳肉用小火煎至八成熟，再放入切好的材料炒片刻，加入调料略煮，最后放入牛柳肉炒匀上碟即可。

酸菜棒骨煲

材料： 咸酸菜 240 克，猪棒骨 450 克，红椒 1 个，白花椒 6 克，姜片 4 片，盐、糖、鸡精各适量。

做法：

① 咸酸菜切片，放入开水中煮 4 分钟，捞起备用；棒骨斩件，放入滚开水中煮 6 分钟，捞起备用。

② 把咸酸菜、猪棒骨、红椒、姜片放入清水中煲滚，再用小火煲至水快干时，加入调料拌匀即可。

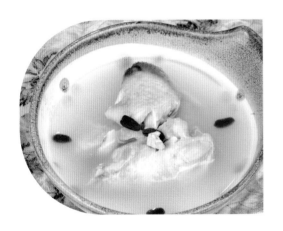

当归黄芪补血鸡

材料： 鸡腿 1 只，当归 12 克，黄芪 50 克，枸杞子 15 克，盐、料酒各适量。

做法：

① 鸡腿切小块，氽烫后去血水。

② 将鸡腿、黄芪、枸杞子加清水放入锅内，大火煮开后，转小火煮至鸡腿熟烂。

③ 加盐、料酒调味即可。

山药鱼片汤

材料： 山药 1 段，石斑鱼片 240 克，盐适量。

做法：

① 山药削皮，切成丁备用。

② 山药放入高汤内，用大火煮开后，转小火煮 15 分钟至山药熟软。

③ 放入石斑鱼片，加适量盐续煮 3 分钟即可。

蒜蓉油麦菜

材料：油麦菜 300 克，植物油 2 大匙，盐、鸡精各 1/2 小匙，蒜末 20 克。

做法：

① 将芝麻酱加入少许盐和开水调稀。把香菜切成细末。把酱油、香醋、鸡汤、鸡精、香油调成调味汁。

② 面条煮熟放凉装盘，加入黄瓜丝、熟肉丝、香菜末，浇入芝麻酱和调味汁即可。

③ 放入蒜末，起锅装盘即可食用。

枸杞双仁炒芹丁

材料：芹菜 280 克，核桃仁 60 克，松仁、枸杞子各 30 克。鸡精、醋各 2 克，盐 3 克，汤 25 克，水淀粉 8 克，植物油 20 克。

做法：

① 枸杞洗净，芹菜切成丁，用碗将调味料兑成芡汁。将核桃仁、松仁分别炒酥出锅备用。

② 芹菜丁下入沸水锅中焯熟倒入漏匙，锅加油烧热，下入枸杞、核桃仁、松仁，再放入芹菜丁，倒入兑好的汁颠翻至匀，出锅装盘即可。

青椒肚片

材料：青椒 420 克，熟猪肚 180 克，蒜片、料酒各 12 克，盐、醋各 2 克，水淀粉 10 克，汤 30 克，植物油 30 克。

做法：

① 锅内放油烧热，然后下入蒜片、青椒炝香，进行煸炒。

② 猪肚、青椒均切成片，猪肚片下入加醋的沸水锅中焯透捞出。

③ 下入肚片、料酒、盐、汤炒匀至熟，用水淀粉勾芡，出锅装盘即可。

羊奶山药羹

材料：山药 30 克，羊奶 400 毫升，白糖适量。

做法：

① 山药洗净、去皮，磨出半碗山药泥，放入蒸笼中蒸熟。

② 羊奶煮滚后，连同山药泥一起搅拌均匀，加入适量白糖即可食用。

小米发面糕

材料：黄豆面 300 克，小米粉 650 克，小苏打适量，食用碱 6 克，温水 500 克。

做法：

① 小米面放盆内，加入黄豆面、小苏打和碱，再加入温水，搅拌均匀，调成稀软面团。

② 笼屉内铺好屉布，将稀软面倒在屉布上抹平，放入滚开水、冒大气的锅上，用大火沸水蒸 25 分钟，蒸至熟透出屉，切成菱形块即可。

排骨莲子芡实汤

材料：排骨 500 克，莲子 40 克，芡实 30 克，百合 30 克，蜜枣 4 个，盐适量。

做法：

① 莲子、芡实、百合、蜜枣洗净。

② 将排骨洗净，并放入开水锅中煮 5 分钟，取出过凉水。

③ 用适量清水煲滚，放入排骨、莲子、芡实、蜜枣煲 2 小时，加入百合煲 30 分钟，下盐调味即可。

第三章
怀孕第二个月

雪菜肉丝汤面

材料： 猪肉丝 120 克，面条 250 克，雪菜 60 克，花生油、酱油、料酒、鸡精、盐、葱花、姜末、鲜汤各适量。

做法：

① 雪菜洗净，将浓咸味浸出挤干水分，切成碎末；肉丝放入碗内，加料酒拌匀入味。

② 先炒肉丝，再将葱花、姜末炝锅，放入雪菜末翻炒几下，烹入料酒，加入余下的汁拌匀盛出。

③ 将面条煮熟盛出，舀入制好的鲜汤中，再把炒好的雪菜肉丝均匀地覆盖在面条上，最后加入鲜汤即可。

鲜蚝豆腐

材料： 鲜蚝 250 克，豆腐 1 盒，红辣椒 1 个，葱 1 颗，香菜 3 棵，蒜头 2 个，酱油 2 大匙，糖、香油各 1 小匙、豆豉 1 大匙。

做法：

① 鲜蚝洗净氽烫备用；红辣椒切片；葱切末；豆腐切小块；蒜头拍扁；香菜切段。

② 锅中倒入 2 大匙油烧热，先爆香蒜头，加入烫好的鲜蚝拌炒，再加入豆腐、红辣椒、豆豉、酱油和糖稍煮，撒上葱末及香菜，淋上香油即可。

桂花肉

材料： 瘦肉 500 克，鸡蛋 2 个，糯米粉 100 克，酱油、糖、醋、酒、盐、香油各适量。

做法：

① 鸡蛋打散与糯米粉调和成蛋糊备用。

② 瘦肉切片，用糖、盐、酒、酱油略腌一下，然后把腌好的肉拌入蛋糊中。

③ 油烧热，将肉片逐个放入，略炸捞起，待油温回升后复炸至金黄色，捞起沥油，加入调料翻匀即可。

吃好孕期三顿饭

94

山药红枣排骨汤

材料： 红枣 6 颗，排骨 300 克，山药 280 克，生姜 2 大片，盐 5 克。

做法：

① 山药去皮、切小块；排骨洗净、氽烫后去血水后同放锅中加调料炖煮。

② 待其快煮好时，放入红枣、姜片和盐，再稍微煮一下即可食用。

海带猪腰汤

材料： 猪腰 2 个，海带 30 克，料酒、葱末、盐适量。

做法：

① 海带泡发洗净，切块；猪腰洗净，去肉筋，切成片备用。

② 为去除腥味，在锅内烧水，至水开时放入猪腰氽 3 分钟。

③ 把全部用调料一起放入锅内同煲至熟，加适量盐调味即可。

干炸虾肉丸

材料： 大虾仁 350 克，鸡蛋 2 个，猪肥膘肉 20 克，口蘑 30 克，鸡精 2 克，料酒、葱姜汁各 15 克，盐 3 克，面粉 50 克，花生油 800 克。

做法：

① 在鸡蛋液中加入面粉、料酒、葱姜汁、盐、鸡精搅匀；猪肥膘肉、口蘑、大虾仁均剁成末，顺同一方向搅匀成馅。

② 将调好的虾肉馅制成均匀的小丸子，下入油锅内炸至金黄色，捞出沥油，装盘即可食用。

06.优育提纲

孕妈妈应该这样做

1 孕吐期间的饮食应以"富于营养、清淡可口、容易消化、少食多餐"为原则，尽量食用低脂食物。

2 叶酸仍然是补充的重点，蛋白质和维生素C也不能忽略，尽量通过饮食补充，如鱼类、乳类、新鲜果蔬。

3 要经常开窗通风，以保持室内空气新鲜，但要避免发风吹，还要经常晒太阳，增加身体对钙、磷等重要元素的吸收和利用。

4 面对焦虑和烦躁，要想办法分散注意力，读一本喜欢的书，听一听轻柔的音乐，换个心情。

5 孕妈妈用早孕试纸自测怀孕时，最好在月经迟来两周后再做，如果太早不易测出来。

孕妈妈不要这样做

1 防辐射服也不能一直穿，在脱离辐射环境之后，尽量脱下防辐射服，让胎儿透透气，晒太阳的时候也要脱下，否则会影响晒太阳的效果。

2 茶叶蛋一定要少吃，因为茶叶中含有酸化物质，与鸡蛋中的铁元素结合，不利于营养物质的吸收。

3 久沸或反复煮沸的开水、没有烧开的自来水、保温杯沏的茶水孕妈妈都不能喝。

4 孕妈妈在洗衣、淘米、洗菜时不要将手直接浸入冷水中，寒冷的刺激有诱发流产的危险。

5 不要随意吃中药和营养品。

第三章
怀孕第二个月

07. 保健护理

健康护理

在怀孕最初的 2 个月，孕妈妈的身体变化还不怎么明显，看上去和普通女性没有多大区别。对于孕妈妈自身来说，也不必把自己当作一个特殊的人来看待。但值得提醒的是，怀孕最初的时期是最容易失去宝宝的，为了留住宝宝，孕妈妈的一举一动可要格外当心了。

★ 阿司匹林的危害

一些孕妈妈在日常生活中，遇到各种疼痛时，常不经医生指导，自行服用止痛药物。合理使用止痛药，可起到减轻疼痛的作用，但如果长期使用，特别是滥用，则会对自己和宝宝造成严重损害。阿司匹林可谓家喻户晓，它是 19 世纪末 20 世纪初发明的。在这 100 年间，全世界的人大约服用了 10 亿片。它被用来治疗头痛、发热，近年来又在治疗风湿病上大显身手。它有较强的解热镇痛和抗风湿作用，用于感冒、发热、头痛、肌肉痛和神经痛，疗效迅速而持久。但是长期服用阿司匹林的不良反应也是不容小看的。阿司匹林危害最大的还是孕妈妈和胎儿。孕妈妈小剂量长期使用，会延长孕期及产程，并增加母体出血的危险。妊娠后期超剂量服用，会造成新生儿头部血肿、紫癜和短暂的便血。

一项实验研究的结果提醒人们，那些在怀孕期间经常服用阿司匹林的女性，生下的男孩日后性欲水平可能极其低下。此项研究可以再次说明孕妈妈应当谨慎服药的重要性。因为像阿司匹林等很多药物都会降低前列腺素的水平，而前列腺素对于雄性的发育是至关重要的。

阿司匹林引发的病症

损伤胃肠道	超剂量或长期服用阿司匹林，可以导致原溃疡恶化或诱发胃溃疡
干扰凝血机制	服用一般剂量阿司匹林，能够抑制血小板聚集，延长出血时间，大剂量或长期服用，能够抑制凝血酶原形成，延长凝血酶原形成时间，造成肝损害
诱发或加重哮喘	阿司匹林对前列腺素合成有抑制作用，可以间接地诱发或加重哮喘
影响听觉	超剂量服用阿司匹林，能够引起可逆性耳聋、耳鸣、听力减退，并加重噪声对听力的损害
肾脏毒性	超剂量服用阿司匹林，可引起急性肾小管坏死，有严重肾衰竭的患者应禁用
损害肝脏功能	阿司匹林能广泛干扰肝脏代谢过程中的各个环节，因而临床有"ASA肝炎"之称

吃好孕期三顿饭

运动保健

怀孕早期时，即怀孕1～3个月之间，胚胎在子宫内扎根不牢，此时锻炼期间要防止流产。所以，孕妇运动要尽量避免高强度的有氧运动或和大运动量锻炼。

★ 上班路上的安全策略

上班途中切记慢行，应注意观察避让。在打滑的地上行走时，孕妈妈要稍稍向后倾身以抵消向前的重力，以免摔倒。自己开车的孕妈妈，一定要系安全带，把横带一段箍在腹下及大腿骨之上，将带紧贴盆骨，并可在身后加坐垫以减轻腰背的压力。搭出租车上班的，不要坐副驾驶位，以免安全气囊弹出撞伤大肚子，使肚子里的胎儿受到无辜的伤害。所以，最好坐在出租车的后排。乘地铁或公交车上班的，应选择车头或车尾，那里空气流通，且乘客较少，可以避免被人撞伤。

★ 二月运动

◀平躺在地上，深呼吸。

◀双手握拳放在身体两侧，用胳膊肘支撑身体，胸部挺高，枕骨部顶在地上，尽量伸张颈部，停留6秒钟，深呼吸。

◀还原，将呼吸调整均匀。

第四章

怀孕

第三个月

01. 发育特征

母体变化

★ 第九周

自从怀孕以后子宫已增大了两倍。尽管从身体外观上还看不出怀孕的迹象，但是自己已感觉到腰带越来越紧了。

★ 第十周

孕妇因为一点小事就会烦躁。这是由于激素水平变化而引起的：这种情绪可因对怀孕和当母亲的焦虑而加重。

★ 第十一周

由于血液循环加强，孕妇的手和脚变得更加温暖；也会感到比平时更容易口渴，这个迹象表示身体需要更多的水分。

在这期间体重增加 1000 克是正常的。有些妇女在第一时期因呕吐体重反而减轻，孕妈妈此时要注意及时的补充营养。

★ 第十二周

医生会为孕妇做胎儿顶部半透明区超声波扫描检测唐氏综合征。

如果以前早上感觉恶心、呕吐，现在症状开始减轻。

大约在第十二周可进行绒毛膜绒毛标本（CVS）检查，这是检验染色体异常的方法。

怀孕前的健康检查和怀孕中的定期检查是确保胎儿健康状态的必要环节。因为对已经形成的畸形儿谁也无能为力，所以，如果不想生出畸形儿，就应该在早期确定胎儿的健康状态，这对孕妈妈和胎儿的健康来说都非常重要。

对于生畸形儿概率比较高的孕妈妈而言，可以通过适当的检查预先知道胎儿状态。在怀孕初期就采取相应措施是预防畸形儿出生的最佳方法。

胎儿变化

★ 第九周

胚胎大约有 20 毫米长，器官已经开始有明显的特征，手指和脚趾间看上去有少量的蹼状物。胚胎的器官特征开始明显，各个不同的器官开始忙碌地发育，各种复杂的器官都开始成长，牙和腭开始发育，耳朵也在继续成形，胎儿的皮肤像纸一样薄，血管也清晰可见。

★ 第十周

有器官、肌肉、神经开始工作，牙齿的原基已经开始出现，神经管鼓起，大脑在迅速发育着，脑下垂体和听神经也开始发育。母体和胚胎的联系已经很紧密。手部从手腕开始变得稍微有些弯曲，双脚摆脱蹼状的外表，眼帘能够覆盖住眼睛。

这个阶段胎儿原始的耳朵已经形成，虽然内耳的发育尚需一段时间，但从宫内观察，胎儿对声音已经有了一些反应，因此，在为孕妈妈播放乐曲时，对胎儿的听觉发育也是一种良性刺激，有利于胎儿整个听觉系统的发育和完善，也能为以后积极的听觉训练打下基础。

★ 第十一周

此周胎儿的身长会达到 4 厘米，形状和大小像一个扁豆荚。胎儿的体重大约 10 克，胎儿的眼皮开始黏合在一起，直到 27 周以后才能完全睁开。胎儿的手腕已经成形，脚踝发育完成，手指和脚趾清晰可见，手臂更长并且肘部变得更加弯曲。

神经管最终将发育成大脑脊髓，在这些神经管内，胎儿的细胞以惊人的速度增长，而且新生成的细胞迅速向自己未来的活动区域移动。此时完全形成了肝脏、肾脏、肠、大脑、肺等重要的身体器官，而且各器官可以发挥功能。另外已经可以看到手指甲或头发等细微部分，同时，外生殖器也开始发育。

★ 第十二周

胎儿身长已达 4.5～6.3 厘米，体重达到 14 克。胎儿尾巴已经消失，由胚胎逐渐转为胎儿，发育成略完整的人形，躯干和腿都长大了。本周已能够清晰地看到胎儿脊柱的轮廓，脊神经开始生长。

直到怀孕 20 周，胎儿将一直迅速成长。从脊髓伸展的脊椎神经特别发达，能清晰地看到脊柱轮廓，而且头部占全身长度的一半左右。额头向前突出，头部变长，已形成了下颌。同时，脸部还能大致区分出眼睛、鼻子和嘴巴。

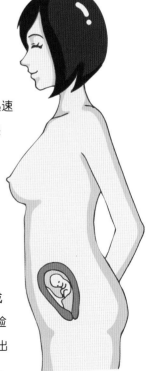

02. 本月所需补充的营养

补充维生素 E

一般成年女性每天的维生素 E 需要量是 8 毫克，孕期则需要 10 毫克左右。含有丰富维生素 E 的食物有粗粮、大豆、芝麻、萝卜、菠菜、瓜子、金枪鱼、鱿鱼、虾等。

黄豆

白萝卜

菠菜

鱿鱼

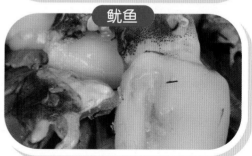

补充铁元素

为预防孕妇贫血，增加铁元素的补充至关重要。为了补充铁，应大量摄取鱼、肝、牡蛎、海螺等。

03.本月孕妈妈 特别关注

四种鱼不适合孕妇食用

孕妈妈有4种鱼要避免吃：鲨鱼、鲭鱼、旗鱼和方头鱼，因为这4种鱼的汞含量可能会影响胎儿大脑的生长发育。

汞进入孕妈妈体内之后，可以破坏胎儿的中枢神经系统，造成宝宝的认知能力低下，有人认为每年受汞影响的儿童约有6万名。美国食品和药物管理局提出的警告主要是针对孕妈妈的，但这也提醒了母亲和幼儿注意不要过多食用前面提到的4种鱼类。

饮食要清淡

孕妈妈如果吃得太咸，短期间内不会对自身和胎儿的健康造成影响。然而，若孕妈妈在孕期罹患了妊娠高血压综合征、子痫前症等疾病，那么吃得太咸就会对胎儿及孕妈妈的健康造成极大的危害。在怀孕期间要节制咸味食品。因为在怀孕后期神经和内分泌的改变或小动脉痉挛，会引起组织内水盐潴留，从而造成水肿。如果食物中盐分和碱类含量过多，可以增加肾脏的负担，引起血压增高、水肿等妊娠高血压综合征。口味重的孕妈妈应合理改善自己的饮食习惯。

1. 用其他香料提味。

习惯重口味的人因为长期对味蕾的刺激关系，一下子降低盐分可能会造成味觉上的不适应。为避免因此影响食欲，可在料理时，改用葱、姜、蒜之类的香料来提味，消除短时间的不适应感，时间长了自然就可养成少用盐的习惯。

2. 炒菜时可改用低钠盐。

低钠盐主要是将盐分内的钠离子减半而以钾离子来代替，口味上不会有太大的差异，增加了钾却可以有降血压、保护血管壁的功能，减少脑卒中和心脏病的危险。唯独肾脏功能不佳、患有尿毒症，以及使用保钾利尿剂的病人，绝对不可以吃低钠盐。因为低钠盐中的钾含量较高，会积存于患者体内，无法顺利排出，很容易造成高钾血症。

3. 不要买高盐分调料。

购买调味料（酱）如味精、番茄酱、盐、沙茶酱、蚝油、味噌、芥末酱、豆瓣酱、甜面酱、豆豉、虾油时必须先看清楚罐外的标示，注意钠的含量，或是避开高盐分的东西，如酱菜、腌肉、咸鱼、腊肉和罐头食物等。

04. 本月推荐营养菜谱

乌鸡汤

材料：乌鸡脚、乌鸡块 300 克，红枣 10 枚，米酒、冰糖各适量。

做法：

① 红枣洗净泡软去核，乌骨鸡洗净剁块，鸡脚去爪并剁块。

② 将鸡块先用开水煮 2 ~ 3 分钟，取出后用冷水洗去血水。

③ 将 1 500 毫升的水入锅，煮开后加入鸡块、鸡脚、红枣，大火煮 5 分钟转小火煮 30 分钟，加米酒煮开即可。

南海金莲

材料：豆腐 500 克，水发莲子、冬菇各适量，凉薯 50 克，盐、鸡精、胡椒粉、水淀粉、白糖、料酒各适量。

做法：

① 凉薯、冬笋、水发冬菇洗净切粒。

② 放入切好的冬菇、冬笋及凉薯粒翻炒，烹料酒，加酱油、鸡精、白糖及清汤少许，烧入味，加水淀粉勾芡，起锅装盘备用。

③ 豆腐抓成泥状，加盐、鸡精调匀；炒好的馅放入豆腐中间，做好后上笼蒸熟即可食用。

罗宋汤

材料：番茄 1 个，柠檬 1/4 个，卷心菜 1/2 个，胡萝卜 1 根，洋葱 1 个，清水 5 杯，盐 1 小匙，胡椒粉 1/2 小匙，蒜蓉 5 克。

做法：

① 番茄切小块；卷心菜切丝；胡萝卜去皮切小块；洋葱切小块；柠檬挤出汁。

② 将清水煮沸，加入所有材料，煲 1 小时，加入蒜蓉、盐及胡椒粉调味即可。

莲子百合桂圆汤

材料：莲子 100 克，百合 20 克，桂圆肉 30 克，蜂蜜适量。

做法：

① 将莲子、百合用水泡发；桂圆肉洗净。

② 锅中倒入适量水煮开，放入莲子和百合再煮 15 分钟，关火，加入适量蜂蜜调匀即可食用。

白瓜松子肉丁

材料：西葫芦 1 个，瘦肉 180 克，松子仁 50 克，蒜蓉、酱油、白糖、水淀粉各适量。

做法：

① 将西葫芦洗净，去皮和瓤切成小粒。

② 将瘦肉洗净，切成小粒，加入酱油腌渍，用水淀粉上浆。

③ 松子用清洁湿布抹过备用。

④ 油烧热放入西葫芦煸炒，炒熟盛起。

⑤ 另烧热油，下蒜蓉爆香，然后下瘦肉粒，炒熟，再将西葫芦回锅，放白糖、松子，翻炒均匀即可。

第四章
怀孕第三个月

糖醋黄鱼

材料：新鲜黄鱼1条，青豆30克，胡萝卜18克，鲜笋，水淀粉少许，酱油、白糖、醋、料酒、葱各适量。

做法：
① 将胡萝卜、鲜笋洗净，切成小丁，与青豆一起放入沸水中烫，葱切末。
② 黄鱼去鳞、内脏及鳃，用清水洗净，改花刀腌渍。锅中放油，炸至呈金黄色时捞出。
③ 加入调料，用水淀粉勾芡，把汁浇在鱼身上即可食用。

瓜片肉丝

材料：西瓜皮400克，瘦猪肉150克，红辣椒1个，水淀粉、花生油、姜、盐、料酒、白糖各适量。

做法：
① 将瘦猪肉切成细丝，然后放入水淀粉内拌匀；辣椒去蒂和籽，洗净切成细丝；将葱、姜洗净，切成细丝。
② 将西瓜外皮削去，片成薄片，再切成细丝，放入小盆内。撒上少许盐拌匀，腌10分钟后将瓜片丝挤去水分，油烧热，放入肉丝、瓜片及调料迅速翻炒，至熟即可食用。

枸杞牛肝汤

材料：牛肝120克，枸杞子40克，鸡精、盐各3克，花生油25克，牛肉汤适量。

做法：
① 将牛肝洗净切块，枸杞子洗净。
② 把锅放在火上，放入花生油烧八成热，放牛肝煸炒一下。
③ 锅中加入适量牛肉汤，然后放入牛肝、枸杞、盐，共煮炖至牛肝熟透，再用鸡精调味即可。

红烧鳗鱼煲

材料： 炸海鳗鱼 1 块，大白菜半棵，熟笋丝 1/4 杯，酱油、盐、醋、糖各 1 小匙，香菜末适量。

做法：

① 大白菜洗净并切成丝备用。

② 将调料一起倒入锅中煮开。

③ 加入海鳗鱼块，再将切好的白菜丝及笋丝加入同煮至大白菜软烂，另以水淀粉勾芡后熄火，出锅后洒入香菜末。

金银花蒲公英汤

材料： 木通 30 克，金银花 25 克，蒲公英 40 克，白菊花 20 克，白糖适量。

做法：

① 全部用料分别洗净，然后加入清水，用锅煲 10 分钟。

② 加入适量白糖调味，即可代茶饮用。

蒜香卷心菜

材料： 卷心菜 300 克，盐、鸡精各 1/2 小匙，老抽 1 小匙，干辣椒、蒜各 20 克，植物油 40 克。

做法：

① 把蒜切成片，干辣椒切成段，卷心菜切成片。

② 锅内倒入植物油烧热，放蒜片、干辣椒段稍炒，待干辣椒呈紫红色，放入卷心菜片迅速翻炒，放入盐、老抽翻炒均匀，再加入鸡精炒匀即可食用。

第四章
怀孕第三个月

猪肝汤

材料：猪肝80克，姜丝15克，葱60克，水1000毫升，胡萝卜、盐、香油各适量。

做法：

① 胡萝卜片放入开水锅中烫熟，捞出备用。

② 猪肝切成薄片，葱切成段。

③ 锅中加水烧开，加入葱段、姜丝、胡萝卜片、猪肝及调味料煮开后等猪肝变色，即可起锅；起锅前滴入适量香油以增添香气。

烤丝瓜

材料：丝瓜1条，白虾米1大匙，蒜头4粒，40厘米见方的锡箔纸一张，水2杯，盐1小匙。

做法：

① 蒜切末，白虾米略洗，沥干水分备用。

② 丝瓜去皮，对半剖开，再切厚片。

③ 点火，锅中放入蒜末，加入白虾米，小火爆香，再加入半杯水与调味料烧热备用；丝瓜摆入锡箔纸中，淋上烧好的调味料酱汁，包卷密实放入烤箱烤3分钟，即可取出装盘。

腐皮寿司

材料：米1杯，油豆腐薄片6片，高汤、黑芝麻适量，白醋、糖各2大匙，盐、白糖、酱油适量。

做法：

① 米洗净浸泡焖煮，将白醋、糖、盐拌匀淋于煮熟的寿司饭上，直至寿司饭与醋搅拌均匀入味。

② 将高汤与白糖、酱油混合均匀，放入油豆腐至收干汁，取出油豆腐待凉；撒上炒过的黑芝麻，用油豆腐包裹拌饭即可食用。

吃好孕期三顿饭

莲子糯米粥

材料：糯米 100 克，莲子 50 克，白糖适量。

做法：
① 将莲子用温水泡软，去芯；糯米洗净，浸泡 1 小时，捞出沥干水分。
② 把糯米、莲子一起倒入锅中，加适量水煮成粥，加入白糖调匀即可。

香油拌耳丝

材料：卤猪耳朵 1 只，黄瓜 100 克，香油 20 克，蛋皮 20 克，酱油 15 克。

做法：
① 将猪耳朵切成丝，放入盘内；黄瓜洗净，与蛋皮一起切成丝放在耳丝上，用以点缀。
② 在耳丝上淋入香油、酱油，拌匀即可

比萨三明治

材料：厚片吐司 1 片，青豆仁 1 大匙，菠萝罐头 1 片，热狗 1 小根，乳酪丝 3 大匙。

做法：
① 菠萝及热狗切丁。
② 吐司放入烤箱烤 1 分钟。
③ 烤过的吐司上面放青豆仁、菠萝丁、热狗丁，最上层铺乳酪丝，放入烤箱中以 190℃烤至表面金黄即可。

第四章
怀孕第三个月

麻辣茄饺

材料： 茄子 3 个，猪肉馅 150 克，红椒油、葱、姜各 3 克，鸡蛋 1 个、面粉、川椒、盐、鸡精、花椒面、红油各适量。

做法：
① 将肉馅用盐、鸡精、花椒面腌入味，放入改刀后的茄夹内，蘸面粉后备用。
② 茄夹用剩下的鸡蛋裹好，炸至呈金黄色后，捞出沥油。
③ 油热后炝锅，放入川椒段略炒，倒入兑好的汁炒熟后，加入炸好的茄饺，颠翻均匀，淋红油，装盘即可。

凉瓜清煮花蛤

材料： 凉瓜 400 克，花蛤 500 克，咸蛋 1 个，盐、姜片、冰糖、胡椒粉、植物油各适量。

做法：
① 将凉瓜洗净后切成长 5 厘米的段，瓜去皮，加入盐拌匀、抓透，备用。
② 把花蛤放入滚开的水中煮至开口，捞出取肉。
③ 在锅内倒入适量植物油，放入姜片爆香，然后加入水，待水开后放入咸蛋、凉瓜、花蛤及冰糖、胡椒粉煮 3 分钟，捞起装盘即可。

珍珠菜花汤

材料： 菜花 400 克，玉米 100 克，盐、鸡精、油、淀粉、香油各适量。

做法：
① 用手将嫩菜花掰成一朵朵花心（与栗子大小相同）。
② 菜花用开水焯透，捞出用凉水冲凉备用。
③ 汤锅置火上，放油烧至六成热，下入菜花煸炒。
④ 放入盐、玉米、鸡精、水，待汤沸。
⑤ 淋入调好的水淀粉和香油，起锅盛入汤盆内即成。

虾米烧冬瓜

材料：虾皮50克，冬瓜350克，油20毫升，盐适量。

做法：

① 将冬瓜削去皮，切成块；虾皮浸泡洗净备用。

② 把锅放在火上，放油，烧热后下冬瓜快炒，然后加入虾米和盐，并加少量水，调匀，盖上锅盖，烧透入味即成。

蔬菜汁

材料：胡萝卜70克，西芹50克，冷开水400毫升，蜂蜜适量。

做法：

① 除蜂蜜外，将所有材料放入果汁机内打碎倒入碗内。

② 调入蜂蜜即可饮用。

虾子菜花

材料：菜花250克，虾、熟猪油、盐、白糖、鸡精、葱花、酱油、水淀粉、香油、鲜汤各适量。

做法：

① 将菜花掰成小朵，去掉老茎，洗净，放入沸水锅中焯烫断生，捞入冷水盆中浸凉后，控净水；虾用清水洗干净捞出。

② 将虾炸一下，放入其他调料和菜花一同翻炒，最后用水淀粉勾芡，淋入香油。

第四章
怀孕第三个月

05.优育提纲

孕妈妈应该这样做

1 自制的蔬果汁既营养又好消化，每天可以喝一杯，但要现榨现饮，不能放置太久，否则空气中的氧气会使果汁中的维生素C含量迅速降低。

2 这个月要办理准生证了，还要到医院建档，办理之前可以先咨询当地工作部门或身边已经办理过的亲戚、朋友。

3 在第十二周的时候要进行激动人心的第一次产检，产检前一天要休息好，把想要向医生咨询的问题提前记录下来，做好充分的准备。

4 本月胎儿骨骼迅速生长，因此对钙的需求量加大，孕妈妈要注意多吃一些含钙的食物来满足自身和胎儿的生长发育。

孕妈妈不要这样做

1 西瓜、山楂、猕猴桃等寒性水果容易引起腹泻，要适量进食，有先兆性流产现象的孕妈妈要禁食。

2 尿频严重时影响睡眠质量，所以临睡前不要喝过多的水或汤。不要进食含糖量高的食物，酒精和咖啡因也不要摄取。

3 味精的主要成为是谷氨酸钠，食用过多会出现眩晕、头痛、嗜睡、肌肉痉挛等症状，而且还会导致孕妈妈缺锌，因此一定要少吃味精。

4 受激素的影响，皮肤的皮脂腺分泌量会增加，有些孕妈妈脸上会长痘痘，但是不要随意涂抹祛痘产品。

5 要防止电磁波等不良因素对胎儿造成的伤害。

06. 保健护理

健康护理

和怀孕 2 个月一样，这个时候也是流产高发期，在生活细节上尤其要留意小心。上班时，应保持愉快的工作情绪，以免因心理负担过重、压力过大而影响胎儿的发育。在这个阶段，夫妻最好不要行房，至少也需要节制，且避免压迫到腹中的宝宝，时间则越短越好。

★ 流产的防治方法

对于每个孕妈妈来说，听到流产都会感到恐惧和难过的，好不容易盼到期望已久的宝宝，尽管怀孕的过程很艰辛，许多的孕妈妈还是尽力地撑过去。不过，却不是每个孕妈妈都能安全、顺利度过漫长孕期的。

每一个新生儿的诞生都是经历一连串的筛选考验，所存留下来幸运的"爱的结晶"。其实每一个精子与卵子的相遇，大约只有 30% 的受精几率，这些受精之中有 23% 左右，在临床上尚未证实有怀孕即流掉；另外虽有 67% 确认有怀孕，却仍有少部分于第一妊娠期自然流产，其他的在经历怀孕第一、第二妊娠期的过程，也有部分因为早产、胎儿异常、胎死腹中而无法存活至足月生下来，必须接受终止妊娠的处理。那到底是什么原因造成流产，而保不住宝宝呢？专家认为，主要有以下 5 个方面：

胚胎（或胎儿）因素	胚胎发育不正常，是早期流产最常见的原因
母体因素	患有急慢性疾病，比如贫血、高血压、慢性肾炎、心脏病的孕妈妈容易流产孕妈妈受到病毒感染，或者孕妈妈因为高热，而引起子宫收缩导致流产
外界因素	孕妈妈受到如：含汞、铅、镉等等有害物质或有毒环境的影响。受到外界的物理因素，比如高温、噪声的干扰和影响，也可导致流产
内分泌功能失调	主要是孕妈妈体内黄体功能失调及甲状腺功能低下
免疫因素	母体妊娠后，由于母儿双方免疫不适应而导致母体排斥胎儿

吃好孕期三餐饮食

对于已经怀孕的孕妈妈来说，不要做大量的运动，多吃些瓜果蔬菜和巧克力，流产的危险会大大降低。而据研究显示，怀孕早期每日服用维生素补品的女性流产率比不服用维生素补品的低 50%。另外，妊娠后尤其是早期，应该注意以下几点：

1. 充分休息，切勿过度劳累。

2. 防止外伤。

3. 远离易造成流产的食物。

4. 节制性生活。

5. 保持心情愉快，情绪稳定。

6. 保持会阴部的清洁。

7. 反复流产要检查。

★ 鼻出血怎么办

孕期流鼻血是怀孕期间比较常见的一种现象，在怀孕的早期、中期、晚期都会出现，尤其是在怀孕的中晚期会更严重，所以请孕妈妈不用着急。孕妈妈怀孕后，卵巢和胎盘会产生大量雌激素，尤其是妊娠 7 个月后，经卵巢进入血液中的雌激素浓度可能超过怀孕前 20 倍以上，血液中大量的雌激素可促使鼻黏膜发生肿胀、软化、充血，如果血管壁的脆性增加，就容易发生破裂而引起鼻出血。尤其是当孕妈妈经过一个晚上的睡眠，起床后，体位发生变化或擤鼻涕，更容易引起流鼻血。此外，鼻息肉、血液病、凝血功能障碍、急性呼吸道感染等疾病，也会经常产生流鼻血的现象。

胎教保健

为了及早挖掘孩子的潜能，如今许多父母最为关心的就是胎教。在众多的胎教方式中，音乐被公认为是最能引起胎儿共鸣、有益胎儿发育的必修课程。优美悦耳的音乐，可以刺激孕妈妈分泌有益于健康的物质，帮助胎儿大脑的发育，让将来的宝宝更健康更聪明。

★ 胎儿可以感知音乐

怀胎十月，对望子心切的父母来说，时间是不短的。但是，做父母的在这期间应该怎样和自己的孩子联系，交流感情呢？在各种艺术中，音乐有其特殊的位置，它是孕妈妈与胎儿之间不同语言间的桥梁，能被胎儿、婴儿所感受。音乐是孕妈妈和胎儿建立最初联系和感情的最佳通道。

胎儿生活在羊水里，外面的世界又有层层屏障，除了羊水、羊膜外，还有绒毛膜、子宫、母亲的腹壁等。虽然胎体居于深宫之中，但当长到 6 个月左右的时候，就可以清楚地听到母亲子宫内的血流声、心脏的跳动声、母亲与父亲的对话声，以及来自于外界的各种声音，并且能对声音的强弱、音调的高低产生不同的反应。

★ 音乐胎教的作用

胎教，实际上是对胎儿进行良性刺激，主要通过感觉的刺激来发展胎儿的视觉，培养胎宝宝未来的观察力；发展胎儿听觉，有利于将来培养对事物反应的敏感性；发展胎儿的动作，有利将来孩子动作协调、反应敏捷、心灵手巧。由于胎儿生长在子宫这个特殊环境里，胎教就必须通过孕妈妈来施行，通过神经可以传递到胎儿未成熟的大脑，对其发育成熟起到良性的效应，一些刺激可以长久地保存在大脑的某个功能区，一旦遇到合适的机会，惊人的才能就会发挥出来。

★ 音乐对情绪的影响

好的音乐会使人的精神振奋，情绪稳定。音乐还能使精神状态达到平衡，使胎儿不致过于兴奋或过于抑制。胎儿兴奋的明显表示是胎动增加，此时给胎儿听听轻松优美的音乐，胎儿会变得安静，使胎儿神经系统的抑制过程增强。胎儿在一夜睡眠之后，精神处于深度抑制状态，此时给胎儿听听音乐，胎儿能过渡到兴奋状态，孕妈妈和胎儿都能精神饱满地迎接一天的工作和生活。孕妈妈在睡前和胎儿共同听听摇篮曲或小夜曲，胎儿和妈妈会在温馨的爱中共同入睡。人的大脑左右半球有明确分工，左半球的功能是语言、计算、理解，重点是逻辑思维；右半球的功能主要是空间位置关系、艺术活动等，重点是形象思维，右半球是"情感半球"。人的大脑在出生后左脑比右脑更发达，而在出生前大脑尚未发育成熟时，用音乐开发右脑就更显得重要，可以使左右脑的发展尽可能达到平衡。

第四章
怀孕第三个月

运动保健

一般来说，怀孕期在 16 周之内，也就是 4 个月内的孕妈妈要多做有氧运动。

★ 早期多做有氧运动

一般来说，怀孕在 16 周之内的孕妈妈要多做有氧运动。游泳对孕妈妈来说是相当好的有氧运动，如果是怀孕前就一直坚持的人，而且怀孕期间身体状况良好，那么从孕早期到后期都可以继续进行。游泳要选择卫生条件好、人少的游泳池，下水前先做一下热身，下水时戴上泳镜，还要防备别人踢到胎儿。孕期游泳可以增强心肺功能，而且水里浮力大，可以减轻关节的负荷，消除淤血、浮肿和静脉曲张等问题。许多孕妈妈们喜欢水里的运动，带着可爱的胎宝宝在水中运动很有好处。

孕早期是胎儿发育的关键期，所以水中健身最好是在怀孕 3 个月过后。孕妈妈征得医生同意，在胎儿状况、自身状况良好的情况下开始节奏舒缓的水中健身。孕妈妈比较适合的是小负荷的运动，比如在水中做行走、划水、抬腿的动作。动作要轻柔，这样通过水流的按摩，孕妈妈的身体可以充分放松。但要注意，在水中不宜做压迫腹部的动作，仰卧比较好，同时动作要恰当、动作幅度不能太大。

★ 水中健身

许多孕妈妈们喜欢水里的运动，带着可爱的胎宝宝在水中运动很有好处。

孕早期是胎儿发育的关键期，所以水中健身最好是在怀孕 3 个月过后。孕妈妈征得医生同意，在胎儿状况、自身状况良好的情况下开始节奏舒缓的水中健身。孕妈妈比较适合的是小负荷的运动，比如在水中做行走、划水、抬腿的动作。动作要轻柔，这样通过水流的按摩，孕妈妈的身体可以充分放松。但要注意，在水中不宜做压迫腹部的动作，仰卧比较好，同时动作要恰当、动作幅度不能太大。

★ 上下班搭有车族的顺风车

有些孕妈妈家里没有车，坐公交车上下班又很不舒服，上下班的时间也是最难打到车的时段。这时怎么办呢？有一个方法可以供参考，那就是找人搭顺风车。具体可以这么做，先在网上发帖子，征求住在自己家旁边的、目的地基本一致、热心的有车族，和他谈好，每天搭他的顺风车上下班。

★ 下肢运动

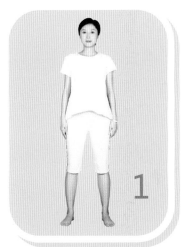

◀两足与肩同宽，双手自然下垂，全身放松，自然呼吸。

▶两上肢向前伸展，手心由内向下。下肢伸直。

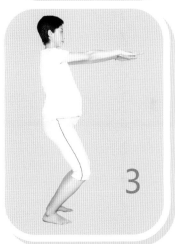

◀下肢屈曲下蹲。

▶恢复到预备姿势，重复上述动作。

第五章

怀孕
第四个月

01. 发育特征

母体变化

★ 第十三周

乳房开始迅速增大，腹部和乳房皮下弹力纤维断裂，在这些部位开始出现了暗红色的妊娠纹。

★ 第十四周

由于孕激素水平的升高，使小肠的平滑肌运动减慢，使孕妇遭受便秘的痛苦。同时，扩大的子宫也压迫肠道，影响其正常功能。解决便秘的最好方法就是多喝水、多吃含膳食纤维丰富的水果和蔬菜。

怀孕前，乳房的重量为 200 克左右。随着怀孕进程向前推进，逐渐长大，到了怀孕后期，就会达到平时的 2～4 倍。由于乳腺的发达，孕中期还能触摸到肿块，甚至还伴随着疼痛。另外，乳房表皮的正下方会出现静脉曲张，乳头的颜色变深。

★ 第十五周

现在会发现自己的裤子变紧了，这时就应该考虑穿孕妇装了。在每一次产前检查时都要测血压。进入孕中期，孕妈妈的子宫会逐渐增大，会给日常生活带来许多不便，比如躺下睡觉时会觉得累，这时孕妈妈可抱着长形的抱枕选择侧卧，就会比较舒服。

当仰卧睡觉时，可将枕头垫在头侧或腰侧，身体稍稍倾斜，就可以使孕妈妈舒服很多。在睡觉前，进行伸展运动或稍加按摩，能缓解孕妈妈身体的紧张和疲劳。

许多女性在怀孕期间，常会引起腰酸背痛。这是由于日趋增加的胎儿体重改变了孕妈妈的身体重心。那么，怎样才能缓解孕期腰酸背痛呢？

1. 站直，两脚脚尖朝前，两脚分开与肩同宽。双手放在两侧腰部作深吸气。

2. 呼气，两物支撑腰背部，身体向后倾，使腰背部成拱形，反复 10 次。

★ 第十六周

在本周应进行一次产前检查，这时助产士会让孕妇用一个带手柄的超声波传声器来听听胎儿的心跳。并可能要做一次血液检查，以判定胎儿有无唐氏综合征。

怀孕 16 周时，大部分孕妈妈害喜的症状会消失，食欲会开始旺盛。此时，想吃的食物会突然增多，而且饭后还有食欲。这个时期开始，应该全面食用营养食品，但是要注意防止突然发胖。怀孕中的肥胖，容易导致妊娠高血压综合征，还会影响正常分娩。

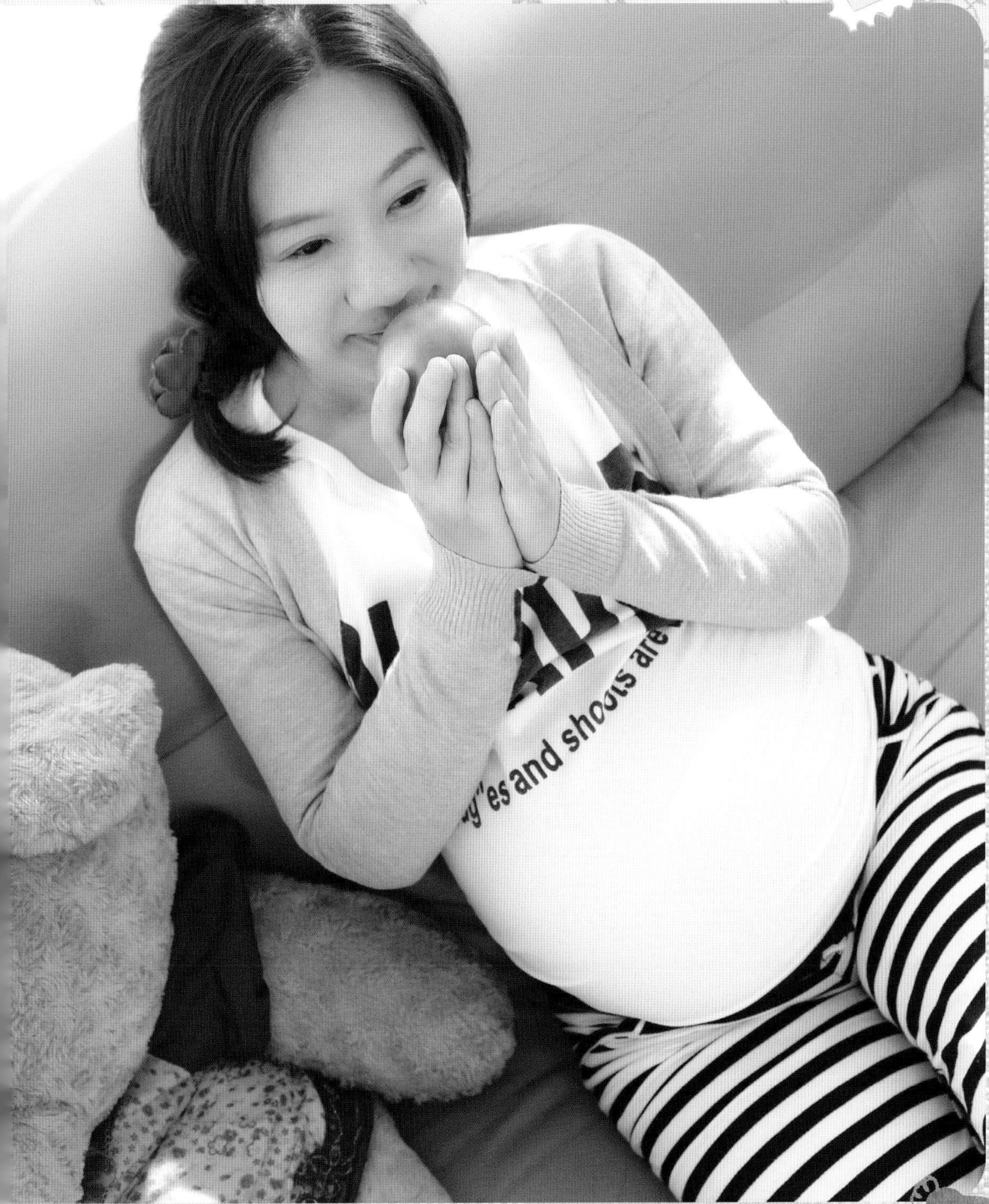

胎儿变化

★ 第十三周

第十三周时，胎儿已经初具人形。胎儿的大脑体积越来越大，占了整个身体的一半左右。胎儿心脏的搏动也更加有力了，内脏几乎已形成。而且，胎盘也完善了，与母体的联结更加紧密，流产的可能性已大大降低。此时胎儿开始具备完整的脸部形态。两只小眼睛集中在鼻子两侧，耳朵也移动到头部两侧。眼睑还依然覆盖着眼睛，但是眼睛已经完全长成。

★ 第十四周

胎儿的神经元迅速增多，神经突触形成中，胎儿的条件反射能力加强。此时胎儿皮肤增厚，变得红润有光泽。在胎儿皮肤颜色加红的同时，皮肤也增厚了，有利于保护胎儿的内脏器官。

★ 第十五周

从外生殖器已经可以分辨出男或者女。皮肤上覆盖了一层细细的绒毛，这时全身看上去就像披着一层薄绒毯，这层绒毛通常出生时就会消失。胎儿的眉毛已经开始长出来，头发也在头顶迅速生长，头发的纹理密度和颜色，在出生后一般都会有所改变。

随着生殖器官的发育，男女生殖器官的区别更加明显。

男婴开始形成前列腺，而女婴的卵巢从腹部移到骨盆附近。女婴的卵巢中生成了200万个原始卵子，而且数量逐渐减少，最后出生时只剩下100万个左右。

★ 第十六周

随着胎盘功能的逐步完善，胎儿的发育开始加速。胎儿在子宫里开始能做许多的动作，如握紧拳头、眯着眼睛斜视、皱眉头等等，胎儿也开始会吸吮自己的大拇指。胎儿在母腹中开始吸吮手指的动作是从怀孕第十二周左右开始的，这称之为吸吮运动。

头部有鸡蛋般大小，而且全身逐渐达到三等身的标准。皮肤上开始生成皮下脂肪，身体的骨骼和肌肉会更加坚固，汗毛覆盖全身。神经细胞的数量跟成人相差无几。神经核细胞的连接几乎消失，条件反射也更加精确。

第五章
怀孕四个月

02. 本月所需补充的营养

补充铁元素

适当注意补充含铁丰富的食物，如瘦肉、禽类及蛋类，每周至少要吃 50 克动物的肝脏，以预防缺铁性贫血。多吃新鲜蔬菜和水果，以促进铁的吸收。

牛腱（后腱）

鸡翅

多摄入优质蛋白质

优质蛋白是胎儿大脑发育的最理想的原料，也是生长的物质基础。随着食欲增加和胎儿迅速长大，应注意增加饮食中蛋白质和维生素的摄取量。牛奶、鱼类、豆类都是优质蛋白质的最佳来源。每天喝1～2杯牛奶或豆浆，常吃豆类及豆制品也可以很好地补充蛋白质。

鲤鱼

低脂牛乳

03. 本月孕妈妈 特别关注

致畸药物碰不得

不要整天大鱼大肉，要注意蔬菜中维生素的摄取。美国医学科学家的一项新研究显示，如果在孕前多摄取蔬菜、水果和蛋白质食物，有助于预防新生儿白血病。

★ 抗生素

妊娠12周内服用四环素，可发生四肢短小畸形或先天性白内障。

★ 抗癫痫药

苯妥英钠，可使胎儿发生唇裂、腭裂、小脑损害和先天性心脏病。

★ 激素类

怀孕早期，使用雄性激素和合成孕激素，特别是睾酮衍化而来的合成孕激素，可引起女胎男性化，出现阴蒂肥大、阴唇融合粘连与局限性外阴异常。雌激素则可引起男胎女性化，口服避孕药可引起先天性心脏病，可的松可引起唇裂或腭裂。

★ 镇静安眠药

镇静安眠药可引起多种畸形，氯丙嗪可导致视网膜病变。

★ 抗过敏药

氯苯那及苯海拉明，可使胎儿肢体缺损、唇裂及脊柱裂等。

★ 抗疟药

如奎宁及乙胺嘧啶等，可使胎儿发生脑积水、四肢缺陷、耳聋和视网膜病变。

04. 本月推荐
营养菜谱

红椒拌藕片

材料：莲藕1根，红椒2个，糖、芝麻油、生姜、香醋、盐各适量。

做法：
① 先将红椒去籽、去蒂、切丝；生姜洗净切丝；莲藕清洗干净切片，直接装入一个器皿中，放盐并加凉开水将其泡软，取出备用。
② 把糖、香醋及姜丝一起撒在藕片和红椒丝上，略腌一会儿，淋上芝麻油即可。

砂仁蒸鲈鱼

材料：鲈鱼450克，砂仁12克，姜丝、葱丝、生抽、盐、淀粉各适量。

做法：
① 砂仁洗净，沥干水分后分一半捣成末。
② 鱼去鳞、鳃及内脏，用刀剔出鱼脊骨，把砂仁放入鱼腹中，隔水蒸约12分钟后取出。
③ 将油烧热，下姜丝及葱丝爆香，放在鱼面上，最后淋上生抽即成。

第五章
怀孕四个月

鲜橙粥

材料：新鲜橙子 2 个，大米 30 克。
做法：
① 洗净橙子，去皮取果肉，捣烂挤出汁，备用。
② 大米煮粥，吃粥时调入鲜橙汁，本品可以代替主食。

芝麻酱拌生菜

材料：生菜 400 克，香油 2 小匙，醋、白糖、酱油、辣椒油各 1 小匙，芝麻酱 20 克，盐、鸡精各 1/2 小匙。
做法：
① 将生菜切去根，择去边叶，用清水洗干净，沥干水。
② 焯好生菜用冷水过一遍，切成 3 厘米长、1 厘米宽的段，放入盘内。
③ 将芝麻酱用适量冷水调稀，加调料搅匀，淋在生菜上即可食用。

豆浆粥

材料：粳米 100 克，豆浆 100 克，鸡精 1 小匙。
做法：
① 将粳米淘洗干净，沥干水分。
② 锅中加入适量水煮开，放入粳米续煮至滚时稍搅拌，改小火熬煮 30 分钟后。
③ 加入豆浆续煮片刻，撒上鸡精调味即可食用。

牛奶烩白菜

材料：大白菜 300 克，鲜牛奶 60 克，火腿、盐、鸡精、淀粉、鲜汤、油各适量。

做法：

① 将火腿切成末备用。

② 将大白菜洗净，切成 4 厘米长小段；将锅中的油烧至五六成热，倒入大白菜翻炒一下后捞出。

③ 将锅刷净后再次放在火上，倒入鲜汤、鲜牛奶，加盐、鸡精烧沸，再倒入大白菜烧 3 分钟，用淀粉勾芡，撒入火腿末，淋香油装盘即可。

五柳海鱼

材料：海鱼 500 克，五柳 60 克，茄汁 40 克，葱段、淀粉、白糖、盐、胡椒粉各适量。

做法：

① 将海鱼剖洗干净，在鱼身两面各划几刀，抹干水分后在鱼身涂上淀粉。

② 在锅内倒入适量植物油，待油热后，将鱼放入锅内大火煎香，捞起后滤油摆入碟中。

③ 利用余油，放入葱段、五柳爆香，再加入调味煮至呈稀糊状，取起淋在鱼身上即可。

番茄牛尾汤

材料：白萝卜 250 克，土豆 380 克，番茄 300 克，牛尾 1 条，姜、洋葱各适量。

做法：

① 土豆、白萝卜去皮，切片；将牛尾洗净斩件；番茄、洋葱洗净，切开。

② 烧水放入牛尾煮 5 分钟，取出冲净。加入白萝卜、姜煲半小时；再放入土豆，煲至土豆烂熟，放入番茄、洋葱，煮沸 15 分钟，调味即可。

第五章

怀孕四个月

瘦肉燕窝汤

材料：瘦肉 300 克，燕窝 75 克，猪骨 50 克，盐、酱油各适量。

做法：

① 将瘦肉和猪骨洗净，先放入沸水内焯一下，然后煲 1 个半小时。

② 将燕窝泡开，洗净。

③ 捞起猪骨，放入燕窝中一同煲半小时，用盐、酱油调味即可食用。

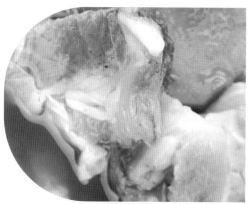

罗宋汤

材料：圆白菜、牛肉各 120 克，胡萝卜 100 克，马铃薯 180 克，洋葱 80 克，西红柿 140 克，番茄酱 2 小匙，盐 1 小匙。

做法：

① 马铃薯、胡萝卜分别去皮、切块；所有材料均洗净；牛肉切大块，氽烫后捞出备用。

② 在锅中加水，将所有材料一起放入锅中焖煮至牛肉熟烂，然后加调味料拌匀即可食用。

淮杞羊腿汤

材料：羊腿肉 700 克，淮山 20 克，枸杞子、桂圆肉、荸荠肉各 10 克，老姜、盐各适量。

做法：

① 将羊腿肉清洗干净，荸荠肉切成片。

② 在煲内放入适量的水，待水沸时，将全部材料放入锅中，煲两个半小时羊肉熟烂时便可调味食用。

土豆烧牛肉

材料：牛肉、西红柿各 50 克，土豆 40 克，洋葱 25 克，植物油、盐、白糖各适量。

做法：

① 将牛肉洗净切块，放入沸水中大火煮开，后改小火煮，肉熟后捞出备用。

② 土豆洗净去皮、切成块，放入牛肉汤中煮熟。

③ 西红柿、洋葱分别洗净、切块。

④ 在锅中放油，油热后煸炒西红柿，加入洋葱再煸炒片刻，倒入牛肉、土豆，加盐、白糖再炒 1 ～ 2 分钟即可出锅。

雪菜炒冬笋

材料：雪菜末 400 克，冬笋 250 克，香油 2 小匙，盐、白糖、葱、姜各 1 小匙，鸡精 1/2 小匙，淀粉（豌豆）1 小匙，植物油 1 大匙。

做法：

① 将泡好的冬笋切成片，放入沸水锅中焯透捞出。雪菜末也放沸水中焯透，捞出备用。

② 将葱花、姜末入油锅中爆香，烹入料酒，下入冬笋片和雪菜末翻炒均匀，加入盐、鸡精、白糖和水，用淀粉收汁，淋入香油即可。

鳝丝打卤面

材料：面条 1 碗，鳝鱼丝 250 克，黄酒 20 克，酱油 100 克，白糖 100 克，葱末、姜末各 10 克，胡椒粉 0.5 克，盐 1 克，香油 2 克，鸡精 3 克。

做法：

① 鳝鱼丝放入开水中烫一下，捞出，沥去水分。

② 炒锅置火上，放油烧至八成热时，下鳝鱼丝，炸至无响声，鳝鱼丝发硬时，用漏勺捞出。

③ 炒锅倒出余油，放酱油、黄酒、白糖、鸡精、葱、姜、鲜汤制成卤汁，倒入鳝丝，上下翻动，使卤汁粘在鳝鱼丝上，淋上香油，出锅放在煮好的面条上，撒上胡椒粉即成。

第五章
怀孕四个月

鸡肝小米粥

材料：鸡肝 2 个，小米 100 克，豆豉、生姜、盐、鸡精各适量。

做法：

① 将鸡肝洗净，切成片或块。

② 先煮小米，加入豆豉和生姜，然后加入鸡肝，快熟时放入盐、鸡精等调味品，稍煮即可食用。

淮杞炖羊脑汤

材料：羊脑 1 副，淮山 10 克，枸杞 7 克，料酒、盐、鸡精、姜、胡椒粉各适量。

做法：

① 将羊脑的红筋挑掉，放在炖盅里。

② 把淮山、枸杞、料酒、鸡精、姜片、放在炖盅内炖 30 分钟取出，丢掉姜片，撒上胡椒粉即可。

黑豆排骨汤

材料：黑豆 65 克，小排骨 120 克，姜 3 片，酒 1 大匙，盐 1 小匙。

做法：

① 黑豆用冷水泡半小时，然后沥干水。

② 排骨洗净，排骨烫后去血水再冲净。

③ 将水烧开，先放排骨及姜片炖 30 分钟，再放入黑豆同煮。

④ 加入调味料拌匀，即可熄火盛出食用。

猪小肚煲车前草

材料：猪小肚 3 个，红萝卜各 120 克，车前草、瘦肉各适量，姜片、蜜枣、赤小豆、黄豆、粗盐各适量。

做法：

① 将猪小肚切成两半，用粗盐反复搓擦，再洗净，瘦肉切成大块备用。

② 车前草、红萝卜洗净后切成大块。

③ 将所有原料一起放入锅内，用大火煲半小时，再转为小火煲，然后放入川椒、盐、鸡精、花椒面即可。

翡翠蒸酿鹌鹑蛋

材料：鹌鹑蛋 10 个，鲮鱼滑 250 克，青菜 120 克，姜、糖各 2 克，淀粉 3 克，蚝油 8 克，鸡精 20 克，油适量。

做法：

① 把青菜、鹌鹑蛋放入滚水中煮熟。

② 将鹌鹑蛋去皮裹上淀粉，酿入鱼滑中，再放入碟内，用大火蒸 3 分钟取起备用。

③ 在锅内倒入适量油，放入姜并将其爆香，把调料调成芡汁，当煮至呈糊状时取起，淋在鹌鹑蛋上即可食用。

葡式咖喱鸡

材料：鸡腿 350 克，马铃薯 100 克，青红椒、洋葱各 25 克，淀粉、咖喱粉、鸡精各 5 克，糖、盐、奶油、油各适量。

做法：

① 将鸡腿斩成件，马铃薯去皮切成大块，青红椒、洋葱分别切片备用。

② 在锅内倒入油，将斩好的鸡腿拌上淀粉，放入锅中煎香，然后再放入青红椒、洋葱及马铃薯炒匀，倒入滚开的水及调料，用中火煮至水快干时盛出即可。

05. 优育提纲

孕妈妈应该这样做

1 怀孕后，因为自身激素的增多以及饮食习惯和身体状况的改变，容易发生口腔疾病，可通过均衡摄取营养、有效刷牙、针对性保健等方法。

2 每天保证8~9个小时的睡眠，30分钟的午休时间，确保精力充沛，保持愉悦的好心情。

3 在吃钙片的时候，可以选择剂量小的钙片，每天分两次或三次口服。补钙最佳时间是在睡觉前、两餐之间，晚饭后休息半小时即可。

4 本月要进行唐氏筛查，提早发现胎儿由常染色体变性所导致的出生缺陷类疾病。

孕妈妈不要这样做

1 孕妈妈不要长时间保持同一姿势，否则容易增加早产儿和低体重儿的出生概率。

2 不要照X光片，在12周以后再进行牙齿诊疗。

3 由于皮肤干燥，洗脸的次数不要过多，每天两次即可。

4 如果家里有人得了感冒，要马上采取隔离措施，并进行室内消毒，可以加热醋用来消毒。

5 有习惯性流产史的孕妈妈，在整个孕期都应该绝对避免进行性生活。

06.保健护理

健康护理

生个健康宝宝可以说是每个孕妈妈心里最渴望的事情。然而，孕妈妈孕育宝宝的过程，既充满希望和快乐，又面临着许许多多的危险，比如流产。"如何保住肚里的宝宝呢？"这就需要孕妈妈和准爸爸一起来小心注意。

★ 中药安胎

对于孕妈妈们来说，怀孕让人欢喜也让人忧，对于流产以及保胎存在着不少的疑虑。

中药安胎适用于那些高龄产妇及习惯性流产的孕妈妈，中医师会依照个人体质的不同，调配适合的药物，达到最佳的安胎效果。最常见的安胎药有当归芍药散、加味逍遥散等。主要的安胎中药有以下这些：

专家提醒

专家提醒：孕妇用药需谨慎，应当遵医嘱。

紫苏	性微温，味甘、辛，具有解表发汗、宽胸利膈、顺气安胎之功。适用于妊娠期风寒感冒及脾胃气滞所致的胎动不安、胸胁胀满、恶心呕吐等症，常与陈皮、砂仁等配伍
黄芩	性寒，有清热燥湿、泻火解毒、凉血止血、除热安胎之功，适用于怀胎蕴热之胎动不安，常与白术、当归等配伍。也可治疗妊娠期湿热泻痢、黄疸及肺热咳嗽、高热、热毒炽盛之出血、疮疡肿毒等
砂仁	性温，味辛，有化湿行气、温中止呕、止泻、安胎的作用。适用于妊娠初期胃气上逆所致之胸闷呕吐、胎动不安等，常炒熟研末单用或配苏叶、藿香、黄芩、白术、当归等一同使用
白术	性温，味甘，具有补气健脾、燥湿利水、和中安胎之功。适用于脾虚气弱之胎动不安。可配陈皮、茯苓、党参、生姜等使用。还广泛用于怀胎蕴热（配黄芩、栀子、白芍等）及血虚（配当归、白芍、生地等）、肾虚（配桑寄生、续断、山药、山萸肉等）所致的胎动不安
艾叶	性温，味苦、辛，有温经止血、散寒调经、安胎之功，适用于下元虚寒或寒客胞宫所致的胎漏下血、胎动不安及月经不调、痛经、宫寒不孕等症，常与香附、当归、小茴香、川续断、桑寄生等同用

★ 胎儿也会患佝偻病

在第 8 ～ 10 周时，胎宝宝的长骨骨干开始骨化，这种骨化的进行，有赖于母体对钙、磷和维生素 D 的摄取，尤其是在妊娠后半期，胎儿生长发育迅速，维生素 D 和钙的需要量也相对较高。如果此时孕母体内维生素 D 和钙量不足，即可影响胎儿的骨骼发育而发生先天性佝偻病。在妊娠期间户外活动少，阳光照射不足，营养不良以及妊娠后期常有腰酸、腿痛、手脚发麻和抽搐等低钙症状的孕妈妈，胎儿也易患先天性佝偻病。

合理营养：维生素 D 的来源之一，就是食物了。孕妈妈若营养不良，或偏食挑食，就有可能影响胎儿对维生素 D 的吸收。因此，预防胎儿佝偻病，孕妈妈必须经常吃些富含维生素 D 的食品，

专家提醒

佝偻病的症状：

生后 2 ～ 3 个月内前囟门特大、前后囟门通连、胸部左右两侧失去正常的弧形而成平坦面，甚至发生低钙抽搐。先天性佝偻病是完全可以预防的。

如鱼、蛋黄、动物肝脏等。一般从妊娠 28 周起每天服维生素 D，如鱼肝油及其制剂和钙粉，直至孩子娩出，可以有效地预防先天性佝偻病的发生。

多晒太阳：现代科学已经证实，人的皮肤中有一种叫做"7- 脱氢胆固醇"的物质，它受阳光中的紫外线照射后，可转化成维生素 D。因此，孕妈妈必须常晒太阳，常做户外活动，促进维生素 D 的合成。

消除疾病因素：如果孕妈妈患有慢性肠道疾患，慢性胆囊炎，阻塞性黄疸，慢性肝炎，慢性肾炎等疾病，均会影响维生素 D 的吸收、代谢。因此，孕妈妈应当积极有效地治疗这些疾病。

此外，有条件的地方，可测定血中钙、磷含量，并算出其乘积，如果钙、磷乘积小于 20，则可以预测胎儿出生将患佝偻病，孕妈妈需及时补充鱼肝油制剂，以起到预防胎儿佝偻病的作用。

第五章
怀孕四个月

胎教保健

这真是令人难以置信！人的性格早在胎儿期，就已经基本形成，这一点已被专家们所证实。因此在怀孕期注重胎儿性格方面的培养就显得非常的必要。胎儿性格的形成离不开生活环境——母亲的子宫的影响，小生命在这个环境里的感受将直接影响到胎儿性格的形成和发展。

★ 孕妈妈对胎儿性格的影响

父母应为孩子一生的幸福着想，从现在起，尽力为腹内的小生命创造一个充满温暖、慈爱、优美的生活环境，使胎儿拥有健康美好的精神世界，使其良好性格的形成有一个好的开端。

环境对胎儿性格的影响：我们知道，人的性格是在社会实践过程中慢慢形成的。但是，也不可忽视胎儿最开始处的环境对他日后性格形成所造成的影响，"人之初"的心理体验为日后的性格形成打下了基础。

人们的性格千差万别，其实个体的差异早在胎儿时期就已表露出来：有的安详文静，有的活泼好动，有的淘气调皮。这既和先天神经类型有关，也和怀孕时胎儿所处的内外环境有关。母亲的子宫是胎儿的第一个摇篮，小生命在这个环境里的感受将直接影响到胎儿性格的形成和发展。胎儿能敏锐地感知母亲的思维活动、情绪波动及母亲对自己的态度。

孕妈妈的性格对胎儿的影响：如果妈妈的子宫充满和谐、温暖、慈爱的气氛，那么胎儿幼小的心灵将受到感染和同化，意识到等待自己的那个世界是美好的，进而逐步形成了热爱生活、果断自信、活泼外向等优良性格的基础，反之，倘若夫妻生活不和谐，不美满，甚至充满了敌意和怨恨，或者是母亲不欢迎这个孩子，从心理上排斥、厌烦，那么胎儿就会痛苦地体验到周围这种冷漠、仇视的氛围，随之形成孤寂、自卑、多疑、怯弱、内向等性格的基础。显然，这对胎儿的未来会产生不利影响。

运动保健

一般来说，怀孕期在 16 周之内，也就是 4 个月内的孕妈妈要多做有氧运动。

★ 孕中期加大运动量

怀孕中期，也就是孕 4 ~ 7 个月之间，胎盘已经形成，所以不太容易造成流产。这个时期，宝宝还不是很大，孕妈妈也不是很笨拙，所以在孕中期增加运动量是适合的时期。

对于不会游泳的孕妈妈，早晚散散步也是一种好运动。散步要注意速度，最好控制在 4 千米／小时，每天 1 次，每次 30 ~ 40 分钟，步速和时间要循序渐进。

有一种健身球运动最近很流行，健身球大而柔软，很有弹性，孕妈妈坐在健身球上，就像浮在水面上，特舒服，对胎宝宝的生长也很有帮助。加大运动量不是增加运动强度，而是提高运动频率、延长运动时间。但是，孕妈妈一定要根据自己的情况来做运动，不要勉强运动。

第五章
怀孕四个月

★ 孕期劳动强度大了怎么办

孕妈妈在怀孕期间如果从事繁重的体力劳动，比如举一些重物、长时间站立、超长时间的体力劳动等等，容易引起早产、新生儿体重过轻，或在孕期引发妊娠高血压综合征。

如果你不得不从事这样的工作，那么你必须考虑好如何安全度过整个孕期。如果可以，你最好能在怀孕期间换一份劳动强度不太大的工作；如果这完全不可能，那么试着偶尔请一下病假，或休假几天，缩短一些工作时间，尽可能地多休息。你可以坦率地告诉老板，你在工作中所承受的一切，他应该会理解你，考虑你的工作环境。

★ 孕 4 月运动禁忌

运动项目	禁忌原因
滑雪	在过低的温度下，下身要负担沉重的滑雪工具和不断变化的坡度，孕妈妈最好不要尝试此项运动
快跑	剧烈地快跑不仅会让孕妈妈全身紧张，也会大大影响胎宝宝的舒适感
负重登山	如果登山负重太多，或是路程过远，就会让孕妈妈感觉疲惫，如果大汗淋漓、失水过多，或者不慎摔跤，则是非常危险的

吃好孕期三餐饭

144

★ 上身运动

◀两臂平举至肩部，肘部内屈并轻触肩头。

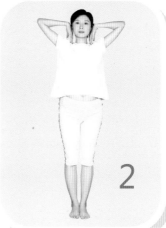

◀继续上抬肘部，使其与耳朵相接。

▶将整个肘部由后向前旋转。

▶双手在头后交叉，放松呼吸。

▶将上身向一侧弯曲，至肋下肌肉不能伸长时，再恢复到原来的姿势。反方向重复上述运动。

第六章

怀孕
第五个月

母体变化

★ 第十七周

如果以前怀过孕，本周就会感觉到第一次胎动。尿频现象将消失。

★ 第十八周

在这一时期，精力逐渐恢复，并发现性欲增强。这主要是由于体内雌激素大量增加，导致盆腔的血流量增多，使性欲提高，且更易达到高潮。在怀孕期间，动作温柔的做爱是相当安全的，如果有什么顾虑，可以向医生咨询。

★ 第十九周

新陈代谢加快，血流量明显增加。大量的雌激素使少数孕妈妈的脸上出现黄褐斑和黑斑。跟怀孕前相比，孕妈妈心脏提供的血液量会增加 40% 左右，而且增加的血液会加大部分毛细血管的压力，因此有时鼻子或牙龈会出血。

★ 第二十周

本周做一次产前检查。如果是第一次怀孕，大约在 20～24 周可以感觉到胎动。在 20～22 周时要做一次超声波检查，观察胎儿的身体构造和发育情况。

孕中期，胎盘已经形成，所以不太容易造成流产。这个时期，胎儿还不是很大，孕妈妈也不是很笨拙，所以在孕中期增加运动量是适合的时期。

01. 发育特征

体操

可以利用专门的体操学院或医院的孕妇体操教室做体操。即使在家中持续做一些简单的体操运动也能取得很好的效果。体操可以消除压力、防止肥胖、锻炼肌肉和关节，所以有助于顺产。每天最好穿着舒适的衣服，在厚厚的垫子上进行 10～15 分钟的体操。大约在怀孕 5 个月以后开始进行孕妇体操，而且在沐浴后身体暖和或身体肌肉松弛的状态下进行，效果最佳。

游泳

游泳可以锻炼孕妈妈的全身肌肉，促进血液流通，能让胎儿更好地发育。同时，孕期经常游泳还可以改善情绪，减轻妊娠反应，对胎儿的神经系统有很好的影响，但游泳时要防止别人踢到宝宝。

吃好孕期三顿饭

胎儿变化

★ 第十七周

宝宝开始打嗝了，这是胎儿呼吸的先兆。胎儿腿的长度超过了胳膊，手指甲完整地形成了，指关节也开始运动。母体接收到的刺激直接反映到胎儿的动作上，此时的胎儿能够敏锐地感应到母体环境、心态的变化。

怀孕 17 周时，胎儿的循环系统和泌尿系统会完成自己的功能。胎儿通过胎盘吸收需要的氧气，而且以吸入羊水或吐出羊水的方式进行呼吸。胎儿将脐带抓起来又放下，就像玩玩具一样怡然自得。

★ 第十八周

宝宝开始有听觉，也开始长脂肪了，这样会使婴儿本身的特征更为明显。四个月的胎儿完成了胎盘通过脐带的过程，将孕妈妈与胎儿结为一体，母体日常生活中的各种变化，经由血管而影响胎儿。

怀孕 17 ～ 20 周时，胎儿的听觉器官会很发达，耳骨会变硬，因此可以听到外面声音。胎儿不仅能听到妈妈的声音、心跳声和消化器官发出声音，而且还能听到来自妈妈肚子外面的声音，另外还会随着神经系统的发达产生味觉。

★ 第十九周

胎儿的神经系统逐渐发达，延髓部分的呼吸中枢开始发挥作用，而且，前头叶也非常明显。内耳区负责传递声音的"蜗牛壳"也完成了，可以感觉声音，因此，在这个时期可以记忆母亲的声音。这时母亲不妨多对胎儿讲讲话。

怀孕 19 周以后，胎儿的表情变得非常丰富。有时皱眉头，有时转动眼球，有时面带哭相。头发越长越粗，越来越多。虽然眼皮覆盖着眼球，但是视网膜还能感受到光线，所以在孕妈妈腹部外照手电筒时，胎儿会感到刺眼而皱眉头。这个时期，同时长出眉毛和睫毛。

★ 第二十周

宝宝肾脏可以产生尿液了，脑部的指示已经可以传达到某些感觉神经。皮肤渐渐呈现出美丽的红色，可见到皮下血管。母亲的兴奋、激动状况使激素发生分泌变化，促使中脑发生信号，透过血液、胎盘而传至胎儿。

这个时期，胎儿的感觉器官获得大幅度发育。视觉、听觉、味觉、嗅觉等感觉器官的神经细胞得到全面发展。怀孕 20 周以后，胎儿会完全具备了人体应有的神经已经互相连接，而且肌肉比较发达，所以胎儿可以随意活动。有时伸懒腰，有时用手抓东西，有时还能转动身体。

02. 本月所需补充的营养

补充钙质

这个阶段除了保证蛋白质、维生素、碳水化合物、矿物质的基本供给外，还要特别注意补充含钙食物。必须注意多食含钙丰富的食物，如小鱼、虾皮、牛奶、奶制品、芝麻酱、鸡蛋、豆腐、海带等，其中，乳制品里含有大量的钙。多晒太阳，促进钙的吸收，及时补充钙质，确保胎儿骨骼生长的需要。

海带

豆腐

多摄入蛋白质

为保证母体的子宫、乳房发育以及血液中蛋白质的需要，并维持胎儿大脑的正常发育，应该适量增加优质蛋白质，如豆制品、鱼、肉、蛋等。

鲫鱼

虾仁

03.本月孕妈妈特别关注

空调风不利于孕妇健康

孕妈妈在空调房生活，一定要注意避免过凉导致感冒，将空调的温度定在22℃～24℃，室内感觉微凉就可以了，切忌温度太低，和室外温差太大。孕妈妈皮肤的毛孔比较疏松，容易受风，在空调房里，孕妈妈要避免自己的位子直吹到空调的冷风。此外，孕妈妈还要经常走动，空调房也要经常打开门窗，换新鲜空气进来，毕竟自然风最有利于人体健康。氯苯那及苯海拉明，可使胎儿肢体缺损、唇裂及脊柱裂等。

忌暴饮暴食

有些孕妈妈存有一些错误概念，认为只要多吃高营养的食物就能使孩子身体强壮，因此不加节制地摄取高营养、高热量的食物，使胎儿过大，结果在生产时往往造成难产、产伤。其实胎儿过大并不一定健康，很多超重儿生下来就出现低血钙、红细胞增多症，进一步引起新生儿抽风、缺氧。另外，由于营养过剩，母体血糖相对较高，使胎儿胰岛分泌也处于较高水平，如果孩子出生后不能及时哺乳，胰岛强烈的降糖作用可导致新生儿低血糖的发生，低血糖对婴儿大脑会造成不良影响。

第六章
怀孕五个月

04. 本月推荐
营养菜谱

蒜烤什锦蔬菜

材料：红椒1个，香菇6朵，黄花菜适量，节瓜半个，番茄酱、蒜末、九层塔、盐、胡椒粉、蜂蜜、橄榄油适量。

做法：

① 红椒切成块，节瓜切片状。将所有调味料放入搅拌盆中搅拌均匀。

② 糖将所有蔬菜用调料腌渍入味汁，放入冰箱中冷藏浸泡 15 ~ 20 分钟。

③ 将蔬菜放置于烤架上烤，待受热面烙上烤痕后，再翻面继续烧烤至熟。

核桃炖兔

材料：兔肉 300 克，瘦肉 40 克，核桃 60 克，去核红枣 8 克，姜 6 克，盐、鸡精各适量。

做法：

① 将兔肉切成块，瘦肉切成大粒，放入滚水煮 3 分钟，捞起备用。

② 把所有材料放入炖锅内，加入适量滚水，用中火隔水炖 3 小时，加入调料拌匀即可。

吃好孕期三顿饭

154

枣圆羊肉汤

材料： 羊腿肉 800 克，桂圆、红枣、党参各 20 克，生姜 4 片，料酒适量。

做法：

① 羊肉洗净，切块；桂圆、红枣去核洗净；党参洗净，切成段。

② 在锅内倒入适量食用油起锅，放入羊肉，用姜、料酒爆透。

③ 把全部材料一起放入锅内，加清水适量，大火煮沸后，小火煲 3 小时，调味即可。

香酥柳叶鱼

材料： 柳叶鱼或一般淡水小鱼 350 克，面粉、盐、黑芝麻、芝士粉各适量。

做法：

① 柳叶鱼分两半，一半撒黑芝麻后再抹面粉；一半抹上盐及面粉。加热油，将鱼一尾尾置入锅中炸 9 分钟。

② 让鱼彻底炸酥，捞起后放在纸上吸油，在小鱼上撒上芝士粉，呈两种风味排开。

法式洋葱汤

材料： 牛肉汤 800 克，洋葱 200 克，面包片适量，植物油 25 毫升，盐 1 小匙，胡椒粉、番茄酱各适量。

做法：

① 把洋葱切成片，并用植物油炒熟至褐色。

② 在锅中放入洋葱、牛肉汤搅拌均匀并煮沸，加入盐、胡椒粉调味。

③ 出锅时，在汤碗内加入面包片，并撒入番茄酱即可食用。

第六章
怀孕五个月

油菜海米汤

材料：油菜 280 克，海米 20 克，白糖、鲜汤、盐各适量，鸡精、姜丝各少许，油适量。

做法：

① 海米用温水泡发好，将油菜洗净，切段。

② 炒锅上火，放油烧热，下姜丝炝一下，再放入油菜翻炒，下海米，放盐、白糖、鲜汤，稍炒后放入鸡精，炒匀后盛入盘内。

鲤鱼汤

材料：鲤鱼 1 条，桂圆肉少许，淮山、枸杞子各 25 克，去核红枣 4 个，黄酒 100 克，葱、姜、盐各适量。

做法：

① 将鲤鱼去鳞，取出内脏，洗净后切成 3 段备用。

② 洗净药材，加入沸水、黄酒各一杯放在锅内，加调料炖 3 个小时即可食用。

干贝汤面

材料：面条 100 克，干贝 50 克，鸡蛋清 1/2 个，淀粉、植物油、盐、料酒、葱、姜、胡椒粉各适量。

做法：

① 把面条煮熟捞出备用。

② 把干贝泡发，切成薄片，沥干，放入碗内，加入鸡蛋清、盐、料酒、胡椒粉、淀粉、植物油拌均匀。

③ 把葱拍扁后切成小段，姜切成片。

④ 锅置火上，油烧热后放入干贝，炸好后捞出。锅留底油烧热，下入葱、姜煸香，再放入干贝炒，然后放入干贝和肉汤，待成糊状，盛入面条碗中即可。

吃好孕期三顿饭

木耳海参汤

材料：水发海参 100 克，木耳、银耳各 80 克，黄瓜 1 根，盐、料酒、胡椒粉、鸡精、香油、姜、葱、香菜各适量。

做法：
① 将海参洗净切成小块，黄瓜切成片，葱切丝、姜切片香菜切段备用。
② 把姜片炒香，再放入银耳和木耳，倒入适量高汤，加调料，小火炖半个小时后放入海参、胡椒粉，烧开盛入碗中，淋适量香油即可。

玉米牛肉羹

材料：牛肉 100 克，鲜玉米棒、鸡蛋 2 个，香菜、姜各 1 片，上汤酌量。

做法：
① 将鸡蛋打匀，把香菜洗净切碎，牛肉洗净，抹干水剁细，加调味料腌制 10 分钟，用少许油炒至将熟时沥去油及血水。
② 米洗净，剔下玉米肉，捣碎。
③ 把适量水及姜煮滚，放入玉米煮熟，约 20 分钟，下调味料，用玉米粉水勾芡成稀糊状，放入牛肉搅匀煮开，下鸡蛋拌匀，盛入汤碗内，撒上香菜即可。

小饭团

材料：米饭适量，肉松、萝卜干末各 1 大匙，卤豆干 1 块。

做法：
① 卤豆干切成细末。
② 取 1/4 量的米饭置于塑胶袋上，再用饭匙压平，1/2 量的肉松、萝卜干与卤豆干放在米饭上。
③ 最后再取 1/4 量米饭盖在其上，将塑胶袋捏紧即成为圆形的小饭团。

第六章
怀孕五个月

牛奶大米饭

材料：大米 300 克，牛奶 500 毫升。

做法：

① 将大米淘洗干净，放入电饭锅。

② 加入 500 毫升牛奶和适量清水。

③ 拌匀后，盖上锅盖，用小火慢慢焖熟即可。

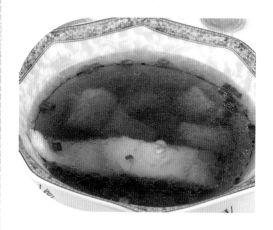

猪肚汤

材料：猪肚 600 克，白茅根 40 克，玉米须适量，盐、淀粉各适量。

做法：

① 将猪肚去掉肥脂，切开，用盐、淀粉搓擦，用水冲洗干净，切块；白茅根、玉米须、红枣去核洗净。

② 将猪肚放入开水中煮 12 分钟，再用冷水冲洗干净。

③ 将全部用料一起放入锅内，大火煮沸后，用小火煲 2 小时，煲好后，调味即可。

珍珠汤

材料：面粉 40 克，鸡蛋 1 个，虾仁 10 克，菠菜 20 克，高汤 1 小碗。

做法：

① 取蛋白与面粉和成稍微硬的面团，揉匀，擀成薄皮，切成比黄豆粒小的丁，搓成小球。

② 虾仁用水泡软，切成小丁，菠菜用开水烫一下，切末。

③ 虾将高汤放入锅内，放入虾仁丁，加入盐，烧开后再放面丁，煮熟，淋入鸡蛋黄，加菠菜末，淋入香油即可。

糯香排骨

材料：青、红椒各1个，嫩猪排200克，糯米200克，生姜6克、鸡精3克、白糖1克，水淀粉适量。

做法：
① 将排骨调入味，再逐块蘸上泡好的糯米，入蒸笼熟。生姜去皮切条，青、红椒切成条。
② 在锅内倒入适量食用油，加入鸡汤、用水淀粉勾芡，淋熟猪油在蒸好的排骨上即可。

海带排骨汤

材料：海带180克，排骨300克，蜜枣2个，黄豆40克，盐、鸡精、麻油各适量、姜片各5克。

做法：
① 海带洗净，切成丝。
② 将排骨洗净，斩成长8厘米长的段，放入滚水中煮1分钟，取起备用。
③ 将全部材料放入锅内，加水，先用大火煲半小时，再转用小火煲2小时，放入调料拌匀即可。

黄金豆腐

材料：盒装豆腐1盒，柴鱼片（明太鱼片）30克，鸡蛋半个，淀粉适量，酱汁1小匙，蒜末1/2小匙，香油1/3小匙。

做法：
① 鸡蛋打散成鸡蛋液，豆腐切大块，裹上淀粉、鸡蛋液及柴鱼片。
② 起油锅，放豆腐，炸至金黄时捞出，食用时蘸酱汁即可。

第六章
怀孕五个月

双红南瓜汤

材料：南瓜 600 克，红枣 15 个，红糖 2 大匙。

做法：

① 红枣去核，洗净；南瓜洗净去皮，切成块备用。

② 将红枣、南瓜一起放入盛水的锅中，煮至南瓜烂熟。

③ 加入红糖，再次煮沸至红糖溶化即可。

红豆鲤鱼汤

材料：鲤鱼 1 条（300 克），红豆 120 克，盐适量。

做法：

① 将鲤鱼去肠杂及鳞，红豆洗净。

② 锅内下油烧热，将鲤鱼煎至两面微黄时盛出。

③ 锅内加入适量清水，下鲤鱼和红豆一起煮熟，用盐调味即可。

土豆鱿鱼汤

材料：土豆 260 克，鱿鱼干 2 条，猪瘦肉 250 克，绍菜 220 克，香菇 20 克，盐、姜各适量。

做法：

① 用猪瘦肉洗净切丁；香菇浸发；土豆去皮切粒；绍菜洗净切块；鱿鱼浸水发后切块。

② 先放入姜，再放入其他材料进行煲滚后，改小火煲 2 小时，放入盐调味即可食用。

吃好孕期三顿饭

人参鲍鱼炖鸡

材料： 乌鸡 1 只，鲜人参 2 条，鲜鲍鱼 3 只，瘦肉 60 克，红枣 8 克，枸杞子 6 克，姜、酒、盐各适量。

做法：

① 把鲜鲍鱼剖洗干净，用牙刷擦去表面脏物，洗净备用。

② 把将乌鸡剖洗干净，去掉头、尾及肥油；瘦肉切成大块，将乌鸡与鲜人参一起放入滚水中煮 3 分钟，取出备用。

③ 将所有材料一起放入炖盅内，加入适量沸水，用中火隔水炖 3 小时，加入调料即可食用。

三鲜鳝丝汤

材料： 鳝鱼 60 克，黄瓜 40 克，猪瘦肉 35 克，鸡蛋 1 个，胡椒粉、水淀粉、盐、葱、姜、料酒、鸡精、芝麻油各适量。

做法：

① 鳝鱼用水冲洗后入沸水中烫熟，拆肉切成丝；瘦猪肉洗净，黄瓜削皮去瓤切成丝。

② 鸡蛋调匀，制成蛋皮后切细丝。爆香葱姜后加入鲜汤烧开，速将肉丝下锅，加入调料，用水淀粉勾芡起锅，撒上葱丝，淋入芝麻油即可。

蟹肉西蓝花

材料： 西蓝花 300 克，蟹肉棒 50 克，胡萝卜适量，淀粉 1 小匙，盐、黑胡椒粉、香麻油各适量，高汤速食包 1 包。

做法：

① 西蓝花洗净，掰成小朵；胡萝卜去皮，挖成圆球状；蟹肉棒洗净，撕成细条备用。把蟹肉棒、西蓝花和胡萝卜球放入滚水中氽烫，捞出，泡冷水，沥干盛入盘中。

② 将锅烧热，放入速食包高汤汁，加 2 大匙水煮开，用淀粉勾芡，再加入适量的盐、黑胡椒粉、香麻油调匀，淋在蟹肉西蓝花上即可食用。

05.优育提纲

孕妈妈应该这样做

1 怀孕到第五个月时，胎儿会以相当快的速度成长，血容量扩充，铁的需要量会成倍增加，所以孕妈妈要重点补充铁。

2 高龄孕妈妈要做羊水穿刺检查，以判断胎儿是否有染色体异常、精神管缺陷等疾病。

3 孕妈妈可以采取左侧卧，这样可以避免压迫到下肢静脉，并减少血液回流的阻力，还可以减少对心脏的压迫。

4 孕妈妈应该坚持有规律地数胎动了，胎儿也会回应孕妈妈的感受，这样会增进母子之间的感情交流。

5 如果乳房胀痛，孕妈妈可以每天轻柔地按摩，以促进乳腺的发育。

孕妈妈不要这样做

1 此阶段早孕反应已经减轻，孕妈妈食欲大增，是体重开始增加的时候，在饮食上一定要有所节制，不能大吃大喝。

2 胎儿在腹中的时候，胎动并不是闲来无事在和孕妈妈做游戏，他可能是伸个懒腰，或换个睡姿。此时对他的拍打很容易引起他的烦躁不安，这并不能起到胎教的作用。

3 孕妈妈怀孕后由于内热，喜欢吃冷饮，其实这对身体健康极为不利。多吃冷饮会刺激胎儿，使他在子宫内躁动不安，胎动会变得频繁。因此，孕妈妈不能因体热而贪吃冷食。

4 如果家里有人得了感冒，要马上采取隔离措施，并进行室内消毒，可以加热醋用来消毒。

5 甜食也是导致肥胖的根源，所以孕妈妈不要一次吃过多的甜食。

06.保健护理

健康护理

怀孕5个月时，胎宝宝在子宫内悄悄地变化着，原来像一个倒置梨形大小的子宫到足月妊娠时变成了西瓜大小，有条件的孕妈妈不妨去上产前学习班，学习班由产科医院主持，或由妇幼保健机构组织，与许多孕妈妈在一起听课，会使你信心倍增。

★ 孕妈妈饱受便秘苦恼

怀孕是非常辛苦的人生过程，常常会伴有许多不适，便秘，便是孕妈妈们在孕期感到最头痛的一件事。

很多女性怀孕后，特殊的身体状况，使得便秘有机可乘。由于担心胎儿的安全，孕妈妈们一般都不敢随意用药，以至于排便成了怀孕女性痛苦不堪的事情。

孕妈妈容易患便秘

孕期便秘的发生，以怀孕后期最为严重，主要是因为孕期分泌大量的黄体酮，它可以使子宫平滑肌松弛，同时使大肠蠕动减弱。由于子宫不断增大，重量增加，压迫到大肠，造成血液循环不良，因而减弱了排便的功能，这也就是为什么孕妈妈比常人更容易便秘的原因。

便秘预防和调理

除非迫不得已，便秘的孕妈妈都应当以预防和调理为主。首先，要多吃水果、粗粮和芹菜、韭菜等富含长纤维的蔬菜。早餐一定要吃，避免空腹，并多吃含纤维素多的食物，比如糙米、麦芽、全麦面包、牛奶，还有新鲜蔬菜、新鲜水果，尽量少吃刺激辛辣食品，少喝碳酸饮料。

体内水分如补充不足，便秘就会加重，所以，每日至少饮水1000毫升。因为水分不足，粪便就无法形成，而粪便太少，就无法刺激直肠产生收缩，也就没有便意产生。所以，补充水分是减轻便秘的重要方法。孕妈妈大多数体虚，每天早上起来可空腹喝一杯温开水或蜂蜜水，适当补充水分，增加肠道内的津液。其次，孕妈妈要养成定时排便的习惯，保证每天排便一次，不要人为地减少排便次数。最后，在身体条件许可的情况下，孕妈妈应当少卧床，多运动。多活动可增强胃肠蠕动，另外，睡眠充足、心情愉快、精神压力得到缓解等都是减轻便秘的好方法。

★ **高危妊娠孕妈妈的自我保健**

由于妊娠期存在某种不正常因素或致病因素，可能危害孕妈妈、胎儿和新生儿或导致难产的孕妈妈，医学上称为高危妊娠。具有下列情况之一者属高危妊娠：

1	年龄小于18岁或大于35岁
2	有异常孕产史者，如流产、早产、死胎、死产、各种难产及手术产、新生儿死亡、新生儿溶血性黄疸、先天缺陷或遗传性疾病
3	孕期出血，如前置胎盘、胎盘早剥
4	妊娠高血压综合征
5	妊娠并发内科疾病，如心脏病、肾炎、病毒性肝炎、重度贫血、病毒感染（巨细胞病毒、疱疹病毒、风疹病毒）等
6	妊娠期接触有害物质，如放射线、同位素、农药、化学毒物、一氧化碳中毒及服用对胎儿有害药物
7	母儿血型不合
8	早产或过期妊娠
9	胎盘及脐带异常
10	胎位异常
11	产道异常（包括骨产道及软产道）
12	多胎妊娠
13	羊水过多、过少
14	多年不育经治疗受孕者
15	曾患或现有生殖器官肿瘤者等

第六章
怀孕五个月

胎教保健

★ 和胎儿做游戏

怀孕5个月后，孕妈妈们能感觉到胎儿在身体里动，上班族的孕妈妈在闲暇时间应该进行简单的休息，这时候，可以通过和胎儿做游戏来进行胎教了。

孕妈妈与胎儿做游戏来进行胎教训练，不但增进了胎儿活动的积极性，而且还有利于胎儿智力的发育。胎教实验证明，勤于编织艺术的孕妈妈，生出的胎儿心灵手巧。

研究显示，手指的动作精细、灵敏，可以

专家提醒

光照可促进胎儿视觉功能健康发育，光照5分钟，通过刺激胎儿的视觉信息传递，使胎儿大脑中动脉扩张，对脑细胞的发育有益。每天晚上听音乐、按摩及对话等胎教后，当胎儿觉醒时，再用手电的微光照射胎儿的头部。

促进大脑皮层相应部位的生理活动，提高人的思维能力。利用这种原理，开展孕期编织艺术，通过信息传递的方式，可以促进胎儿大脑发育和手指的精细运动。孕妈妈们可以利用业余时间，学习和做一些编织，不仅可以给宝宝制作漂亮的服饰，还可使胎儿更聪明。

运动保健

怀孕中期，胎盘已经形成，所以不太容易造成流产。这个时期，胎儿还不是很大，孕妈妈也不是很笨拙，所以在孕中期增加运动量是适合的时期。

★ 这些情况需停止运动

有些孕妈妈在孕前就是一位体育运动爱好者，到了孕期要继续运动。但运动量和运动项目应作适当的调整。如果孕前从未进行过体育运动，应该慢慢地逐渐建立起有规律的运动习惯。在怀孕初期，多数孕妈妈会有眩晕感，随着胎儿发育会对孕妈妈的肺造成压迫，使孕妈妈感到呼吸困难等。所以，应视情况选择运动项目和决定运动时间或运动量。

运动时如有下列症状即需停止运动
1　妊娠高血压综合征
2　早期宫缩
3　羊水早破

★ 出游指南

在怀孕的第五个月，孕妈妈发生流产的危险比较小，孕早期的一些不适症状通常在此时消失，可以说是孕妈妈在整个孕期中度过的最稳定、安全、舒适的时光。适度的运动可以帮助孕妈妈控制体重，对胎儿的健康发育也好处多多。

孕妈妈出游范围的选择	
极短途出游	仍旧坚持每天散步30分钟
短途出游	附近的景点或全程走高速公路能到达的近郊的景点
国内旅游	国内省会城市。孕妈妈要避免长途跋涉、翻山越岭、冲浪滑水、深度潜水、高空弹跳、极热极寒之旅

第六章
怀孕五个月

★ 工作期间的安全战略

工作的孕妈妈不要在办公室里坐摇椅，可能导致失去平衡继而跌倒。孕妈妈背部下方和骨盆的肌肉会拉紧，长时间工作会出现酸痛现象，所以做做运动非常有必要。

改善颈痛：颈部先挺直前望，然后弯向左边并将左耳尽量贴近肩膀；再将头慢慢挺直，右边再做相同动作，重复做2～3次。

改善肩痛：先挺腰，再将两肩往上耸贴近耳朵，停留10秒钟，放松肩部，重复动作2～3次。

改善"腹"荷：将肩胛骨往背内向下移，然后挺胸停留10秒钟，重复动作2～3次。

改善手腕痛及手肘痛：手部合十，将手腕下沉至感觉到前臂有伸展感，停留10秒钟，重复以上动作2～3次；接着再将手指转向下，将手腕提升至有伸展的感觉，亦重复动作2～3次。

★ 上肢运动

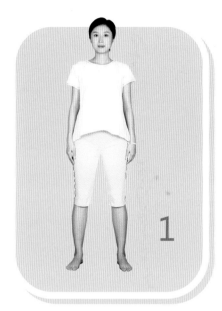

◀双足与肩同宽，全身放松，两手下垂，自然呼吸。

▶上肢向上抬起与肩平行，手心向下。

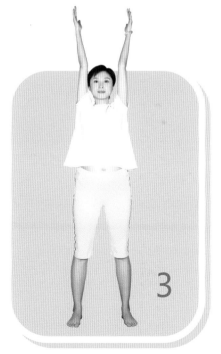

◀手心向上，上肢向上举起至耳旁。

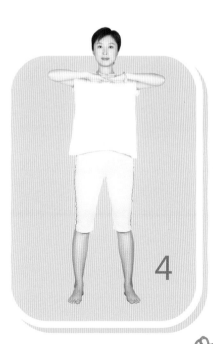

▶手心向内，两手相握，双上肢与肩平行，手心向下并自然下垂。

第七章

怀孕
第六个月

第七章
怀孕六个月

01.发育特征

母体变化

★ 第二十一周

由于体重的增加、比平时更容易出汗。此周准妈妈的子宫顶部达到了肚脐的位置，肚脐可能会突出。由于增大的子宫的压迫，使下半身血液循环不畅，因此格外容易引起疲劳，准妈妈应该得到充分的休息。

这个时期，子宫已经上移20厘米左右，所以下腹部明显隆起。这么大的子宫会阻碍血液循环，压迫静脉，因此容易出现水肿或静脉曲张。静脉曲张的症状是：小腿、大腿内侧和外阴部的血管像肿瘤一样膨胀起来，而且颜色发黑。随着分娩的结束，这种症状也会随之消失。

怀孕期间孕妈妈的下肢和外阴部静脉曲张是常见现象，静脉曲张往往随着怀孕月份的增加而逐渐加重，这是因为，怀孕时子宫和卵巢的血容量增加，以致下肢静脉回流受到影响，增大的子宫压迫盆腔内静脉，阻碍下肢静脉的血液回流。此外，如果孕妈妈久坐久站，势必加重阻碍下肢静脉的血液回流，使静脉曲张更为严重。预防静脉曲张最好的方法就是要休息好，避免久站，只要孕妈妈注意平时不要久坐久站，也不要负重，就可避免下肢静脉曲张。

专家提醒

尽量不要穿紧身衣或高跟鞋，而且不要盘腿而坐。平常休息时，要保持侧卧或者把腿放在椅子上或靠垫上。如果已经出现静脉曲张，最好穿上孕妈妈专用减压弹力袜，促进血液循环，而且要经常由下向上按摩静脉曲张的部位。

★ 第二十二周

乳房开始分泌初乳、这是婴儿的食物。乳晕小结（在乳晕四周的小结节）开始分泌，使乳头保持湿润，保护哺乳时的乳头。

★ 第二十三周

由于腹部的隆起，影响了消化系统；某些孕妇可引起消化不良和胃灼热感。

少吃多餐比一天吃两、三顿饭要好些，可减轻胃灼热感。饭后轻松地散散步将有助于消化。

★ 第二十四周

可在本周做一次产前检查。如果还没有做骨盆运动，现在就开始做，以加强骨盆肌肉的紧张力。

吃好孕期三顿饭

吃好孕期三顿饭

胎儿变化

★ 第二十一周

随着胎脂的增多，胎儿的身体处于滑润的状态。胎脂可以保护胎儿的皮肤免受羊水伤害。

从怀孕 20 周开始，胎儿分泌的胎脂厚厚地堆积在眉毛上面，显得非常柔软。该时期还缺乏皮下脂肪，所以皮肤显得又红又皱，但是已经开始长肉。宝宝运动能力提高，有时过于剧烈将导致孕妈妈晚上无法睡觉。

★ 第二十二周

通过 X 射线照片，可清楚地看到头盖骨、脊椎、肋骨及四肢的骨骼。小家伙吞咽羊水时，其中少量的糖类可以被肠道所吸收，然后再通过消化系统运送到大肠。宝宝的肝和脾仍在负责生产血红细胞，而骨骼也渐渐发展到足以成为怀孕第三期时的主要血细胞制造者。

★ 第二十三周

6 个月的胎儿肌肉发育较快，体力增强，越来越频繁的胎动表明了他的活动能力。由于子宫内的胎儿经常活动，因此胎位常有变化。这个时候，如检查出来呈臀位，也不必惊慌。

这个时期，胎儿的骨骼已经完全形成。通过 X 光片能清晰地看得到头盖骨、脊椎骨、肋骨、手臂和腿骨等骨骼。这时期的关节也很发达。胎儿能抚摸自己的脸部、双臂和腿部，还能吮吸手指头，甚至能低头。

★ 第二十四周

23 周的胎儿看起来已经像一个微型宝宝了。宝宝的五官已发育成熟，他的嘴唇、眉毛和眼睫毛已各就各位，清晰可见，视网膜也已形成，具备了微弱的视觉。在胎儿的牙龈下面，恒牙的牙胚也开始发育了，孕妈妈需要多补钙，为宝宝将来能长出一口好牙打下基础。

此时期胎儿对外部声音更加敏感，而且很快就能熟悉经常听到的声音。因此，从妈妈的肚子里已经开始接触外部声音，所以出生后不会被日常噪声吓坏。

02. 本月所需补充的营养

加大蛋白质的摄入量

孕妈妈在孕中期，每日要增加优质蛋白质9克。而在你的膳食安排中，动物性蛋白质（即各种肉类）应占全部蛋白质的一半，另一半为大豆蛋白质和米、面中的蛋白质。

注意补充其他微量元素

不但钙和铁的摄入量要充足，同时，微量元素如碘、镁、锌等，对孕妈妈及宝宝的健康也是不可缺少的。

补铁

铁质缺乏的贫血在怀孕期非常普遍，究其原因主要因为食物中缺乏铁质、慢性失血及怀孕中增加铁质的需要。怀孕时由于胎儿须由母体吸取铁质，孕妇本身铁质储藏量很少，再加上血液的稀释，孕妈妈如果不多摄食含铁质的食物，就很容易罹患缺铁性贫血。摄入铁不仅仅是为了自身需要和防治缺铁性贫血，而且还要将部分铁贮藏在组织中，以备胎儿需要时摄取。因此要加强铁的摄入量，多吃一些如肝脏（羊肝、猪肝）、动物血、豆制品、紫菜、黑木耳、蛋等。

吃好孕期三餐好孕妈

03. 本月孕妈妈 特别关注

孕妇不要再熬夜

如果睡眠不足，可引起疲劳过度、食欲下降、营养不足、身体抵抗力下降，这会增加孕妈妈和胎儿受到感染的机会，造成多种疾病发生。

孕晚期禁忌饮食

在妊娠最后几个月里，胎儿长得快，需要充足营养，所以此时孕妇的饮食原则是：

1. 不要偏食、不要限制饮食。

2. 甜、酸、苦、辣、咸不要过分，少吃多餐，选择易消化的事物。

3. 多吃水果和蔬菜，鱼、肉、蛋不可少。

另外，有的孕妇喜欢喝汤，但不要把营养的吸收完全寄托在汤上。孕妇的体重以一个星期内不超过1千克为宜。值得注意的是，有些孕妇害怕自己吃得过多，胎儿太胖生不下来。其实孩子的大小与孕妇的自身条件成正比，身高1.7米的孕妇生7斤的孩子就是正常，而对于身高1.5米的孕妇就困难。新生儿体重大于2.5千克小于4千克都是正常的范围。

04. 本月推荐营养菜谱

大鱼包小鱼

材料：鱼高汤120克，大马哈鱼片150克，银鱼50克，豌豆40克，盐1小匙，鲜奶油8克，橄榄油2小匙。

做法：
① 鱼片平铺，上面放银鱼，一起卷成圆柱状，用牙签固定。
② 将鱼卷略煎一下，加高汤，以小火煮，豌豆放开水略烫下，放鲜奶油、盐等调味料均匀混合，待鱼肉熟透后即可取出。

椒盐三鲜

材料：鲜鱿鱼120克，鲜虾、带子、洋葱、青红椒各50克，鸡蛋1个，酒、鸡精、盐、胡椒粉适量。

做法：
① 洋葱、青红椒洗净后切成丝状，鲜鱿鱼剖洗干净，切十字花，鲜虾去壳；带子洗净，抹干水分，其他材料腌好拌匀。
② 顺同一方向搅拌成糊状，再慢慢倒入油锅中，用猛火炸硬，放入洋葱、青红椒爆香，再加入三鲜及调料，炒匀上碟便成。淋上生抽即成。

凉拌五彩鸡丝

材料：熟鸡胸脯肉 200 克，胡萝卜、金针菇、黄瓜各 100 克，红椒丝 60 克，鸡精、盐、胡椒粉、白糖、麻油各适量。

做法：

① 熟鸡胸脯肉撕成丝；胡萝卜、黄瓜分别洗净切成丝加盐略腌一下，金针菇洗净，与红椒丝一起焯熟。

② 所有原料放入碗中，加盐、鸡精、胡椒粉、白糖拌匀入味，淋上麻油，即可装盘。

玻璃肉

材料：猪瘦肉 200 克，鸡蛋 2 个，淀粉、植物油、面粉、香油、白糖各适量。

做法：

① 把猪瘦肉切成 5 厘米长、3 厘米厚的肉条，放入鸡蛋、淀粉、面粉拌匀。

② 锅置火上，放植物油，烧热，放入肉条，将肉炸到金黄色捞出。

③ 锅置火上，放入香油烧热，加入白糖，用微火熬到起泡，可以拉丝时，将炸好的肉条放入，迅速搅一下，即盛到盘中，待稍凉，外皮光亮酥脆即成。

拔丝山药

材料：黑麦芽糖 40 克，山药 110 克，白糖 50 克，水 60 克。

做法：

① 黑麦芽糖、白糖放入锅中，开中火煮沸，将糖煮化。

② 山药去皮切大块，入油锅中炸熟，取出备用。

③ 将糖料淋在山药上即可食用。

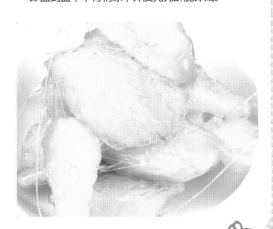

第七章
怀孕六个月

核桃酪

材料： 核桃仁 250 克，糯米 100 克，植物油、淀粉各适量。

做法：
① 糯米、核桃仁洗干净，泡约 2 小时；泡软，用竹签挑去核桃里面的膜，洗净。核桃仁炸酥，捞出晾凉后和泡好的糯米加水磨成浆。
② 锅中放入水和白糖烧沸，撇去浮沫，倒入糯米核桃浆搅开，烧沸后撇去浮抹，用淀粉勾薄芡，盛入碗内即成。

芝麻酸奶奶昔

材料： 黑芝麻粉 6 克，酸奶 100 毫升，牛奶 120 毫升，蜂蜜适量。

做法：
① 将所有材料一起放入果汁机中打匀。
② 调入蜂蜜即可。

豌豆荚洋葱鸭血

材料： 鸭血 180 克，豌豆荚 60 克，洋葱 80 克，青蒜 60 克，豆瓣酱 2 匙。

做法：
① 所有主料洗净备用；豌豆荚去蒂；洋葱切丝；青蒜切片；鸭血块切成长条状。
② 热锅入油，爆香洋葱，放鸭血、适量水及豆瓣酱，焖煮至鸭血入味。
③ 最后放豌豆荚及青蒜，炒至熟即可；共煮炖至牛肝熟透，再用鸡精调味即可。

吃好孕期三顿饭

胡萝卜苹果汤

材料：苹果 80 克，胡萝卜 50 克，洋葱 25 克，鸡高汤 400 毫升，盐、黑胡椒粉各适量。

做法：

① 洋葱切丝，胡萝卜去皮切片，苹果去核切片。

② 锅中放入橄榄油加热，加入适量的调料炒软至香味散出。

③ 倒入鸡高汤煮滚，再以小火炖煮 1 ~ 2 分钟，用调味料调味，即可食用。

杏仁曲奇

材料：鸡蛋清 2 个，奶油 40 克，杏仁 180 克，面粉 40 克，糖粉 100 克。

做法：

① 奶油加热使其熔化，与杏仁及调料一起混合均匀为面糊。糖粉过筛，加入鸡蛋清，用打蛋器搅拌至糖粉溶化，搅拌均匀。

② 烤盘铺上不粘纸，用匙挖取面糊，放在烤盘上；用叉子将面糊小心推开成薄片，入烤箱中以 175℃烤 15 分钟即可。

蛤仔面

材料：罗勒 30 克，文蛤 250 克，洋葱、意大利面各 150 克，橄榄油 1 匙，鸡精、奶油、蒜末各少许，盐、香菜末各适量。

做法：

① 罗勒、洋葱洗净剁碎；文蛤洗净，放入微波炉加热，待其开口后取出备用；锅中放水及意大利面，小火煮熟后取出备用。

② 热锅放橄榄油，炒香蒜末、洋葱、奶油，放入面条炒匀，再加调味料及罗勒拌匀即可。

第七章
怀孕六个月

酸甜墨鱼

材料： 西番莲 1 个，墨鱼 250 克，芦笋 2 根，糖适量。

做法：

① 墨鱼洗净、切丝，入锅中烫熟，捞起，泡凉水；芦笋洗净，切小段，汆烫后捞出，泡冰水。

② 西番莲对切刮除果肉，留果汁备用。

③ 待墨鱼丝及芦笋段凉后，分别捞出沥干水分，加适量糖，再淋上西番莲汁即可食用。

银丝羹

材料： 日本豆腐 200 克，鲜虾 30 克，香菜、干贝、上汤、葱、姜各适量。

做法：

① 把干贝洗净去蒂，鲜虾煮熟，取虾仁备用，葱姜切丝备用。

② 干贝蒸软，晾凉后搓碎，上汤烧开后下入各种配料。

③ 烧开调味、勾芡，最后撒入香菜末。

柑橘鲜奶

材料： 鲜奶 150 毫升，柑橘 1 个，白糖适量。

做法：

① 将柑橘皮和果肉一起切成碎末。

② 将柑橘碎末放入鲜奶中，加入白糖，拌匀。

③ 将将柑橘鲜奶倒入冰格中，放入冰箱冷冻，食用时取出即可。

罗汉燕麦粥

材料：燕麦 200 克，罗汉果 2 个，盐 1/2 小匙。

做法：

① 将罗汉果洗干净，燕麦也洗干净。

② 锅中倒入适量水煮开，加入燕麦，小火煮至软烂，再加入罗汉果继续煮 5 分钟，最后用盐调味。

蒜薹肉丝

材料：去皮瘦猪肉 250 克，蒜薹 180 克，甜面酱 1 小匙，植物油 50 克，香油 16 克，酱油 40 克，料酒 15 克，水淀粉 18 克，葱末 4 克。

做法：

① 蒜薹洗净去老茎，切成段，用开水烫一下，捞出控水；将肉切成丝。

② 在将油放入炒锅内，上火烧热后放入肉丝煸炒变色，下入葱末、甜面酱、蒜薹煸炒均匀，烹入料酒、酱油，加适量水，开锅后勾芡，淋入香油，出锅装盘即可。

五花东坡肉

材料：五花肉 400 克，花生 90 克，葱 40 克，姜 12 克，酱油 6 克，白糖 25 克，盐、胡椒粉各适量。

做法：

① 将五花肉放入滚水中煮 6 分钟，捞起后涂上酱油。锅内倒入适量植物油，放入五花肉，用中火煎香，取出放入冷水中洗净，滤干水分后切成 2 厘米见方的块状，备用。

② 将五花肉、花生、姜、葱及调料一同放入锅内，用中火煲至水快干时（一个小时）上碟即可。

竹筒豆豉蒸排骨

材料：肋排 180 克，豆豉 15 克，红辣椒 2 个，大蒜、盐、糖、淀粉各少许，酱油、料酒各适量。

做法：

① 大蒜去皮剁成茸，将蒜茸放入豆豉中，加入糖和油，混合成蒜茸豆豉。

② 排骨洗净，剁成段，用纸巾抹干水分，加入调料腌，然后裹匀淀粉。

③ 将蒜茸豆豉在排骨里面拌匀，撒上辣椒丝，然后放入竹筒大火蒸 30 分钟至半小时，既可食用。

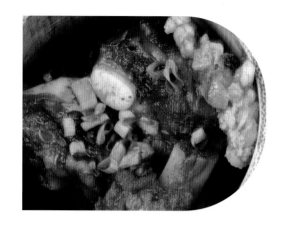

照烧袋饼

材料：肉片 180 克，调味牛蒡 10 克，白芝麻 6 克，柴鱼片 8 克，烧饼 1 个，色拉油、淀粉各 1 匙，酱油 2 小匙，糖半匙，香油 1 小匙。

做法：

① 锅热加油，倒入调味料、柴鱼片、调味牛蒡、肉片、白芝麻一起拌炒至水分收干即可起锅；肉片加淀粉拌匀，入锅中沸水余熟。

② 烧饼对切，将一些材料塞入烧饼中即可食用；待水开后放入咸蛋、凉瓜、花蛤及冰糖、胡椒粉煮 3 分钟，捞起装盘即可。

海带豆腐汤

材料：豆腐 1 块，高汤 100 毫升，葱 100 克，酱油 50 毫升，海带 30 片，柴鱼（干明太鱼）、姜末、萝卜泥各适量。

做法：

① 海带洗净，豆腐切小块，余烫，捞出放凉。

② 将海带平铺在砂锅内，加入豆腐，再倒入高汤、葱、姜及柴鱼煮 15 分钟，食用时可蘸萝卜泥及酱油。

鸡脧丝瓜面

材料：面条 300 克，鸡脧 150 克，丝瓜 100 克，葱头 50 克，植物油、白糖、盐、淀粉、葱花、料酒、鲜汤各适量。

做法：
① 将鸡脧、丝瓜分别洗净，切成小薄片，加调料放入碗内；面条用开水煮熟。
② 鸡脧、丝瓜片炒熟，加调好的汁再炒片刻，淋在面条上，起锅装入盘内即可。

白雪映菜花

材料：菜花 150 克，红萝卜 15 克，鸡蛋 3 个，花生油、盐、鸡精、白糖、熟鸡油各适量。

做法：
① 菜花切成小朵，鸡蛋去黄留白，红萝卜、青椒切菱形小片。锅中加水，待水开时，加盐少许，下菜花氽烫熟，捞起盛入碟内。
② 在锅内倒入适量植物油，锅不能太热，把鸡蛋白打散调制入味、轻轻倒入锅内，淋鸡油铲起，倒在菜花上即可。

菊花猪肝汤

材料：猪肝 100 克，杭白菊数朵，姜适量。

做法：
① 猪肝洗净后切片水焯一下，姜切丝，备用。
② 杭白菊洗净备用。
③ 锅中放入清水，将杭白菊放入煮片刻，再放入猪肝和姜同煮。
④ 沸腾后，用小火再煮 20 分钟，调味即可。

05. 优育提纲

孕妈妈应该这样做

1 通常鱼的背部蛋白质含量高，腹部的脂肪含量高。在烹调鱼类的时候，应尽量避免油炸，可以选择烤的方式。

2 因受激素的影响及怀孕的烦恼，不少孕妈妈不容易入睡或容易醒。可以在睡前做一些松弛运动、洗温水澡、听听轻柔的音乐等来改善。

3 这个月胎动变得频繁且有规律了，要继续严密监测胎动状况，以便出现异常情况时可以及时发现。

4 第二十四周要进行妊娠糖尿病筛查，患有妊娠糖尿病的孕妈妈多数没有任何症状，只有通过糖耐量测试才能检查出来。

吃好孕期三顿饭

孕妈妈不要这样做

1 怀孕后期的孕妈妈一般体质偏热，此时如果滥服人参，有可能加重妊娠不适症状，出现兴奋激动、烦躁失眠、咽喉干痛、血压升高等不良反应，有流产和死胎的危险。因此，怀孕后期服用人参，弊多利少，必须慎重。

2 阳光中的紫外线有利于合成维生素D，但紫外线无法穿透普通的玻璃。坐在屋子里隔着玻璃晒太阳实际上只是得到了阳光的温度，却拒绝了阳光的营养。所以孕妈妈不要隔着玻璃晒太阳，也要避免在阳光强烈的时候晒太阳。

3 在这个阶段可能会发生早产，要尽量从饮食和运动上避免这种情况的发生。

06.保健护理

健康护理

孕妈妈的体重，在这时可谓突飞猛进，肚子已经大得引人注目。乳房也明显增大、隆起，接近了典型孕妈妈的体型。体重急剧地增加，因此，动作变得很笨拙。但由于不习惯这种体形的变化，往往容易摔倒。

从这时起，是身体非常容易疲劳的阶段，因此，应保证充足的休息和睡眠。

★ 孕妈妈远离腰痛的技巧

妊娠中晚期，腰酸背痛的感觉会一直困扰着孕妈妈。这是因为，在此期间孕妈妈的腹部逐渐向前凸出，为了保持身体平衡，身体的重心必须向后仰，脊柱过度前凸会造成背部肌肉持续紧张疲劳，从而造成腰背酸痛。胎儿在你的体内孕育成长，由此导致的身体重心的变化会给你的身体状况带来很多不便之处。而且子宫越来越大，压迫着脊柱，使其弯曲程度远远大于平时。与此同时，腰椎（从腰部到臀部区域）的脊髓也会慢慢减少，这都会引起腰部的过度疲劳。

在怀孕期间，为适应子宫和胎儿的变化，腹部肌肉也会随之伸展，最终一般会伸展20厘米左右。激素是造成腰疼的另一主要原因。受激素雌性激素、黄体酮和耻骨松弛激素的影响，韧带会变得更加柔软、有韧性，以便使盆腔能够伸张扩大，适应子宫的生长。然而，韧带的变化却使得你的腰部甚至其他部位倍感不适。激素的变化是孕期必然的，也就意味着腰疼是无法避免的。

正确的体姿

孕妈妈走路时应双眼平视前方，把脊柱挺直，而身体的重心要放在脚后跟上，踏地时应由脚跟至脚尖逐步落地。上楼梯时，为了保持脊柱挺直，这时孕妈妈的上半身应向前略为倾斜，眼睛看上面的第3～4节台阶。一开始可能会觉得很难做，但经过在家的反复练习，一定能熟练掌握正确走路姿势的。

专家提醒

在怀孕期间，即使你的健康状况一向良好，也难免会受腰酸背痛之苦。因为从怀孕第一天起，身体就处在为分娩做准备的状态。激素分泌增多，腰部肌肉、神经都受到很大影响，这使你时常会有腰部不适的感觉。

饮食调摄

腰痛者的饮食，一般与常人无多大区别。但要注意避免过多地食用生冷寒湿的食物，即使在夏天，也不宜多饮冰冻的饮料。对于性寒的水果，如西瓜，也不宜一次食用太多。对于慢性腰痛持续不断的，可常服一些固肾壮腰的中成药，如六味地黄丸、肾气丸、十全大补丸等，可根据体质和病情听从医嘱选用。

食 疗

1	猪腰或羊腰1对，黑豆100克，茴香3克，生姜9克。共煮熟，吃腰子和豆，喝汤，可常食。用于寒湿腰痛
2	乌龟肉250克，核桃仁100克。共煮熟服。用于慢性虚劳腰痛
3	桑寄生20克，猪骨250克。同煮汤。一般腰痛均可食
4	益母草30克，鸡蛋2个，加水适量同煮，蛋熟后去壳，再煮20分钟，吃蛋饮汤。每天或隔天1次，用于经前后腰痛加剧或伴有痛经者

适时休息

如果你的工作比较繁忙或者要做家务活，就要学会忙里偷闲，不时地休息一会。适当的休息能有效缓解身体疲劳。尽管你的日程会安排得非常紧，但你会惊喜地发现，短暂的休息会给身体带来极大的舒适感。

轻微的运动

虽然怀孕期间不宜做剧烈运动，但是一些非常轻微的运动却是有益于孕妈妈保健的。例如做一些幅度较小的肢体运动、慢速游泳（请务必注意卫生，而且持续时间不可过长）等。

适当的支撑

大多女性将乳房变得柔软当成是怀孕的征兆之一。如果已经确定怀孕了，那就要经常支撑一下自己的乳房，因为不断长大的乳房也会给腰部带来不小的压力。

第七章
怀孕六个月

★ 孕妈妈避免患静脉曲张

为什么孕妈妈容易患上静脉曲张

怀孕时体内激素改变：妊娠期卵巢所分泌的雌激素增加，而雌激素对血管壁内的平滑肌有舒缓作用，使静脉壁更加松弛而容易发生静脉曲张。

胎儿和增大的子宫压迫血管：因妊娠后子宫增大，压迫盆腔血管，尤其是压迫髂外静脉，从而使得血液由静脉向心脏的回流过程受到阻碍。

家族遗传或孕期过重：有家族遗传倾向，血管先天静脉瓣膜薄弱而闭锁不全，或是孕期体重过重等，都是静脉曲张的高危群。

静脉曲张对胎儿的影响

根据研究发现，如果母亲的血液聚集在腿部而不是流向胎儿，那么胎儿的血液循环会受到影响。

最近发现长时间站立的孕妈妈患有静脉曲张的，发生分娩痛也是不可避免的。静脉曲张还是引起早产的罪魁祸首之一。

按摩缓解静脉曲张

对妊娠期静脉曲张的治疗无需大动干戈而应手术治疗，最好的办法就是预防为主。如果孕妈妈并发静脉曲张，应减轻工作，避免长时间站立，睡眠时抬高下肢，也可以穿弹力袜或使用弹力绷带。还可按摩小腿，常用手法有：挤压小腿，孕妈妈在靠背椅上，腿伸直放在矮凳上，丈夫拇指与四指分开放在孕妈妈小腿后面，由足跟向大腿方向按摩挤压小腿，将血液向心脏方向推进。搓揉小腿，孕妈妈坐姿如上，孕爸爸将两手分别放在孕妈妈小腿两侧，由踝向膝关节搓揉小腿肌肉，帮助静脉血回流。30%～50%的孕期静脉曲张在分娩后不会自行缓解，且下次怀孕时又会复发，甚至导致中年时期的严重静脉曲张症，因此平时的保健相当的重要。

胎教保健

宝宝来到人间，给家庭带来无限的快乐的同时，也给全家人带来了巨大的压力。宝宝从出生到长大成人是一个漫长的旅程。每一对夫妇都寄希望于新的生命，如何孕育一个聪明健康的宝宝，就成为每一个家庭最关心的话题，现在宝宝已经6个月了，应该怎样进行胎教呢？

★ 呼唤胎教法

胎儿6个月感受器初具功能，在子宫内能接受到的外界刺激，均能以潜移默化的形式储存于大脑之中。实践证明，父母亲经常呼唤胎儿，进行语言交流，能促进胎儿出生的语言及智能发育。6个月的时候胎儿已经具有辨别各种声音并能做出相应反应的能力，父母就应该抓住这一时机经常对胎儿进行呼唤训练，也可以说是"对话"。孩子出生后就会马上识别出父母的声音，这不但对年轻父母是一个激动人心的时刻，而且，对您的孩子来说刚来到这个完全陌生的世界时，如果能听到一个他所熟悉的声音，对他来说也是莫大的安慰和快乐。同时消除了由于环境的突然改变而带给他心理上的紧张与不安。而且通过父母亲充满爱意的呼唤与谈话，给予胎儿良性的刺激，这能够丰富胎儿的精神世界，开发他的智力。

第七章
怀孕六个月

★ 抚摸胎教法

根据国外的研究，胎儿如果很少被触摸、爱抚，很容易出现心理疾患，并且生长、发育迟缓。所以，如果从胎儿期便经常充满爱意地触摸、按摩婴儿，将能有效促进婴儿养成良好的性格和迅速的反应能力。

"抚摸胎教法"，是通过准爸爸孕妈妈轻轻拍抚肚皮或聆听肚皮里的声音等亲密动作，达到准爸爸、孕妈妈和胎儿三方互动与情感交流。因为，孕妈妈对胎儿的拍抚，不仅能传达她对胎儿的关爱，还能使孕妈妈本身处在一种身心放松的状态，达到安抚胎儿与舒缓母亲情绪的双重功效。抚摸训练是胎教中的一项重要内容。孕妈妈通过经常抚摸自己的腹部，可以激发胎儿的运动积极性。

独特的情感交流

通常在怀孕第 4 个月时，就能明显感觉到胎动，而到了怀孕的第 6 个月，胎儿踢脚、翻跟头、扭转身体的动作要明显增多，因此，这时正是实施"抚摸胎教法"的最佳时机。胎教时，准爸爸、孕妈妈可以用手轻轻地、充满爱意地抚摸肚皮，让胎儿感受到爸爸妈妈对他的爱。另外，可选一处安静场所，采取一种最舒服的姿势，每天花 10 分钟，不听音乐，不说话，集中精力

用手抚摸，和宝宝进行独特的情感交流。

这项工作也可以由宝宝的父亲协助完成，孕妈妈躺在床上，准爸爸对胎儿的抚触，可以让胎儿提前感受家的温暖。

如果感觉到胎宝宝用脚踢你的肚子，你可以轻轻拍打被踢的部位作为回应，然后等待他的下一次。一般在 1～2 分钟过后，胎儿会再踢几下，这时你再轻拍几下。如果拍的部位改变了，胎儿下次踢的部位，也可能会向你新拍的部位踢过去。当然，你变换拍腹的部位，离原来胎动的部位不要太远。

充满爱意的抚摸

还有一种方法可以试用。你不妨平躺在床上，全身尽量放松，在腹部松弛的情况下，用一个手指头轻轻按下再抬起，来回抚摸胎儿。胎儿受压后出现蠕动，这是对母亲爱抚的反应。值得注意的是：在进行胎教时，必须遵守一个原则，就是一定要充满爱意的抚摸，而不是拍打或按压，另外，千万不要经常性地在情绪不佳时进行胎教。

在妊娠 20 周后，就可以进行抚摸胎教了，如果胎儿受到抚摸后，过了一会儿才以轻轻的蠕动作出反应，这种情况可继续抚摸。

抚摸从胎儿头部开始，然后沿背部到臀部至肢体，动作要轻柔。每晚临睡前进行，每次抚摸以 5～10 分钟为宜。抚摸可与胎动及语言胎教结合进行，这样既落实了围产期的保健，

又使父母及胎儿的生活妙趣横生，但是有很多孕妈妈可能找不准胎儿身体的具体位置，这时候也可以不用考虑抚摸的顺序。

经过这种训练的胎儿出生后，能比较早些站立和行走。但是，如果孕妈妈已经出现了早期子宫收缩的征兆时，就不要进行抚摸训练了。

胎儿也会学习

宝宝来到人间，给家庭带来无限快乐的同时，也给全家人带来了巨大的压力。孕妈妈在具有丰富经验的亲朋指导下，用扩音器对胎儿讲话，同时用手在腹部做各种示范动作，与胎儿做游戏，教一些常用的词汇等。经过此训练学习者，胎儿出生时可懂得大约 15 个词汇，并能对这些词汇做出反应。

这表明了胎儿期也是能"学习"的，如果孕妇能保持着旺盛的求知欲，胎儿也必将受到积极的影响，从而促进大脑智力的发育。

第七章
怀孕六个月

★ 孕妈妈开车上班的技巧

对于有车的孕妈妈来说，每天开车上下班也需要一定的技巧。最好的保护方式就是佩戴3点式安全带，这将在很大程度上降低胎儿受伤的几率。安全带固定在身体比较结实的部位，如躯干和骨盆，以保护身体薄弱的部位，如胎儿所在的柔软腹部。孕妈妈开车时首先应调整坐椅位置，在脚可以轻松触到踏板的同时，使腹部和方向盘之间保持尽可能大的距离。随后，将安全带系好、拉紧，确保下半截安全带不会系在腹部之上，尽量水平保持在腹部之下。安全带上半截穿过胸部中间，不要压到腹部。

运动保健

孕中期，胎盘在逐渐形成，因此流产的可能性在降低，适当增加运动量还是很有必要的。但加大运动量，并非是增加运动强度，而是提高运动频率、延长运动时间。

★ 公交族孕妈妈出行处方

孕妈妈乘公交车比较方便、省体力，但仍有些特殊情况要注意。

1	每天工作前都要从家出发赶往车站，然后在车站等车，这需要留出足够的时间，避免匆忙中出乱
2	孕妈妈最好能避开上下班高峰期，如果做不到，也不要与他人争抢车门、座位，容易出现问题
3	孕妈妈上下车要注意脚下的台阶
4	孕妈妈的衣服一般比较肥大，在乘公交车时要注意不要让车门夹住衣物，也注意不要让同车的乘客踩到，让人既尴尬又着急

★ 骨盆运动

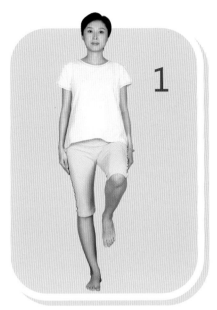

◀双足与肩同宽，全身放松，两手下垂，单膝曲起。

▶膝盖慢慢向外侧放下，左右各10次。

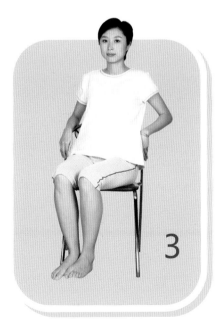

◀坐在椅子上双膝曲起。左右摇摆至椅边，慢慢放松，左右各10次。

▶笔直坐好，用手拉向身体，双膝上下活动，宛如蝴蝶振翅。吸气伸直脊背，呼气身体稍向前倾，此运动是放松骨盆的关节与肌肉，使其柔韧，利于顺产。

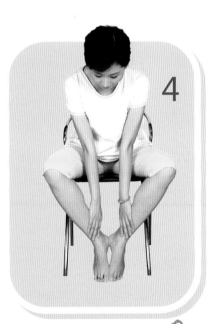

第八章
怀孕
第七个月

第八章
怀孕七个月

母体变化

★ 第二十五周

随着腹部的增大和沉重，会感到背痛、骨盆受压以及小腿痉挛，还会出现气短。孕妈妈注意身体的姿势，充足的休息将有助于缓解这些症状。现在要决定参加分娩知识学习班的事，这将使孕妇有机会见到医生和一些将要做妈妈的人。从现在起，穿不加束缚的衣服会更舒服，另外，此期与怀孕初期和晚期相比，孕妈妈会觉得相对舒服些，故如有不得不去的外出或旅行，可放在此期。

★ 第二十六周

通常在腹部和乳房处开始出现妊娠纹，这是皮肤伸展的标记。怀孕期间，由于激素的影响，皮肤会变得很粗糙，容易出现粉刺和瘢痕。大部分情况下，分娩后这些皮肤问题会自然消失，但是粗糙的皮肤、褐色斑、雀斑和痒痛等症状即使在产后也不会消失，甚至会留下很多后遗症。怀孕时要经常洗脸，并且要适当补充水分和营养。而怀孕时色素容易沉积，所以不要直接暴露在阳光的照射下，外出时要涂上防晒油保护自己，避免受到紫外线伤害。怀孕后，头发会变得又厚又多，平时应该经常用润发乳防止头发变粗糙，而且在肚子进一步变大前修剪好适合分娩的发型。

01. 发育特征

★ 第二十七周

本周为第二时期末，腹部明显隆起，腹部隆起的程度与孕妇的身高、体重、体格及包围胎儿的羊水量有关。此阶段对孕妈妈来说，安心舒服的睡眠是一种奢侈。此外睡眠不好的你可能会心神不安，经常做一些噩梦，试着向丈夫或亲友诉说内心感受，他们也许能够帮助心情放松下来。

★ 第二十八周

从现在到第三十六周，应至少每两周做一次产前检查。

在过去的一个月里，子宫增长大约4厘米，现在向上升至胸廓的底部，使胸廓下部的肋骨向外扩张，感到有些不舒服。

现在孕妈妈的行动有点不便了，要避免长期外出和旅游，出行时要注意出行安全。要知道，你现在就是"特殊"人物，不要觉得不好意思，"老弱病残孕"专座是特意为你准备的。

第八章
怀孕七个月

胎儿变化

★ 第二十五周

宝宝听力已经形成，胎儿对外界音响的反应是比较敏感的，例如你发出的说话声音或者心跳的声音，宝宝都能听见。当你给胎儿播放节奏强烈的现代音乐时，胎动会增加且幅度增大，显得躁动不安，所以要尽量远离使胎儿躁动不安的声音，比如开得很大的音响声、装修时的电钻声等。

胎儿的眼皮已经完全形成，而且生成了眼球，所以可以睁开眼睛。瞳孔要在出生几个月后才能变为正常的颜色。眼睛可以看前面，也能调整焦距。

★ 第二十六周

此时胎儿舌头上的味蕾正在形成，他会把自己的大拇指或其他手指放到嘴里去吸吮。但是，目前宝宝的吸乳的力量还不够大。

★ 第二十七周

26 周的胎儿表情已经非常丰富了，不仅经常会哭会笑，还会眨眼睛。现在胎儿的体重在 800 克左右，坐高约为 22 厘米。胎儿周围的羊水量相对较多，胎体较小，胎儿犹如水中漂动的皮球，故胎位可经常变动。因此，这时检查胎位并无意义，即便是胎头不朝下，也不必管他。此时若发现胎位异常——臀位或横位，则应遵照医嘱采取相应措施，以减少母婴在分娩中可能发生的危险。

★ 第二十八周

宝宝鼻孔已发育完成，神经系统进一步完善，胎动变得更加协调，不仅会手舞足蹈，还能转身了。

接近怀孕后期，胎动会越来越强烈。胎儿可以有力地踢腿，而且能上下跳动。每个人感受胎动的次数和程度都不一样，所以不用特别在意胎动的次数和强度。一般情况下，多动的胎儿比较健康，而胎动次数相对少时，可以通过胎心检测来确认胎儿的健康状况。

第八章
怀孕七个月

02.本月所需补充的营养

要多补充维生素

要选富含 B 族维生素、维生素 C、维生素 E 的食物，增加食欲，促进消化，有助利尿和改善代谢的作用。再者，多吃水果，少吃或不吃不易消化的或易胀气的食物，忌吸烟饮酒。

荔枝

樱桃

增加植物油的摄入量

此时，胎儿机体和大脑发育速度加快，对脂质及必需脂肪酸的需要增加，必须及时补充。因此，增加烹调所用植物油即豆油、花生油、菜油等的量，既可保证孕中期所需的脂质供给，又提供了丰富的必需脂肪酸。孕妈妈还可吃些花生仁、核桃仁、葵花子仁、芝麻等油脂含量较高的食物，并控制每周体重的增加在 350 克左右，以不超过 500 克为宜。

栗子

杏仁

03. 本月孕妈妈特别关注

不宜多吃动物性脂肪

妊娠 7 个月时常出现肢体水肿，因此，首先要少饮水，少吃盐。日常饮食以清淡为佳，忌吃咸菜、咸蛋等盐含量高的食品。水肿明显者要控制每日盐的摄取量，限制在 2 ～ 4 克。

同时，要保证充足、均衡的营养，必须充分摄取蛋白质，适宜吃鱼、瘦肉、牛奶、鸡蛋、豆类等。忌用辛辣调料，多吃新鲜蔬菜和水果，适当补充钙元素。

孕妇不要去歌厅

歌厅空气中的一氧化碳、二氧化碳和尼古丁等含量很高，孕妈妈若常在这样空气污染严重的环境中逗留，一定会受到危害，易生痴呆儿或造成胎儿的天生性缺损。另外，歌厅里大多安装的是大功率立体声扩音装置，其噪声都在 100 分贝左右，孕妈妈若常常处在强噪声环境中，会使听力下降、血压升高，直接影响胎儿的生长发育。

医学研究表明：孕妈妈经常在强噪声环境中，胎儿的内耳就会受到损伤，出生后的听觉发育也会受影响，甚至还会伤害脑细胞，使出生后的孩子大脑不能正常发育，造成智力水平低下。

04. 本月推荐
营养菜谱

萝卜牛腩汤

材料：萝卜350克，牛腩300克，蜜枣10个，盐适量。
做法：
① 将萝卜去皮，洗净，切小块；牛腩洗净，切成小块，蜜枣洗净备用。
② 坐锅点火，锅内加入清水，下萝卜、牛腩及蜜枣，水再滚后，收小火，煲约两小时，加入盐调味，便可食用了。

刺嫩芽烧鲫鱼

材料：鲫鱼1000克，刺嫩芽120克，熟五花肉50克，淀粉、植物油、料酒、葱段、姜片、酱油、盐、鸡精、醋各适量。
做法：
① 将熟五花肉切成片，刺嫩芽洗净；鲫鱼两面打十字花刀，下入锅中炸透捞出。
② 再下入葱段、姜片炝香，放入肉片煸炒。
③ 加入刺嫩芽、料酒、酱油、鸡精等，将炸好的鲫鱼加盐、醋烧透入味，用淀粉勾芡出锅。

第八章
怀孕七个月

海带栗子排骨汤

材料： 干海带 50 克，鲜栗子 100 克，排骨 300 克，盐、胡椒粉各适量。

做法：

① 鲜栗子先用开水煮 3 分钟，捞起去除外壳，海带泡水洗净打结，排骨用热水氽烫后洗净。

② 锅中加入适量水煮开后，放入海带、栗子和排骨，煮开后转小火熬煮 20 分钟，放入盐和胡椒粉调味即可。

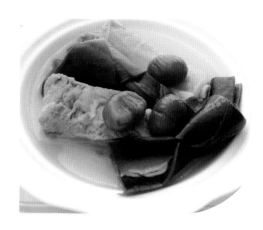

大米红枣粥

材料： 大米 100 克，红枣 40 克，黑枣 8 个，水 1 500 毫升，冰糖适量。

做法：

① 将大米淘洗净沥干，红枣、黑枣冲洗干净。

② 在锅中加水煮开，放入红枣、黑枣、大米续煮至滚开时稍微搅拌。

③ 改小火熬煮 30 分钟，加入冰糖煮溶即可食用。

决明子绿茶

材料： 决明子 15 克，绿茶包 1 小包。

做法：

① 决明子及绿茶包放入冲泡壶中。

② 加入 200 毫升热开水，浸泡 6 分钟后即可饮用。

清炒韭黄

材料：韭黄 500 克，熟火腿 50 克，植物油 3 大匙，盐 1 小匙。

做法：
① 将韭黄剥皮洗干净，把韭黄切成 2 厘米长的段。
② 将熟火腿切成 4 厘米长的细丝。
③ 坐锅点火，加植物油烧热后，放入韭黄快速煸炒，随即加入盐、火腿丝炒匀即可。

猪肝烩饭

材料：米饭 150 克，猪肝、瘦肉各 40 克，虾仁 10 克，胡萝卜、洋葱、蒜末、酱油、淀粉、鸡精、香油、料酒各适量。

做法：
① 全将米饭盛在盘中，备用。洋葱、胡萝卜择洗干净，均切成片后用开水烫熟；虾仁洗净备用。
② 将瘦肉、猪肝洗净，均切成片，调味。油热后下蒜爆香，放入虾仁、猪肝略炒。
③ 放入洋葱片、胡萝卜等，淋水翻炒，加酱油、鸡精，用淀粉勾芡，淋上香油拌在米饭上即成。

香菜肉丝汤

材料：猪肉 120 克，香菜、鸡精、料酒、香油各适量。

做法：
① 猪肉洗净，切成细丝；香菜择洗干净，切段。
② 锅内烧水，待水开时，下入猪肉丝氽 3 分钟；老抽翻炒均匀，再加入鸡精炒匀即可食用。
③ 将汤锅放在火上，加入汤或水烧开，下肉丝，加适量鸡精、料酒、香菜，淋香油盛入汤碗内即可。

第八章
怀孕七个月

羊肉红枣汤

材料：羊肉 300 克，红枣 10 颗，料酒 1 大匙，盐 1/2 小匙，姜 3 片。

做法：

① 将羊肉洗净，切成 3 厘米长的小块，放入滚水中氽烫，捞出备用；再把姜切成片备用。

② 将羊肉、姜片、红枣放入钵中，加入料酒、适量的盐和水，坐锅中加入水，慢蒸半小时即可食用。

火爆腰花

材料：红泡椒、猪腰、黄瓜、姜、葱花、蒜各适量。

做法：

① 黄瓜斜刀切成薄片；蒜瓣拍散，红泡椒剁碎备用；猪腰洗净，切成两片，去除油皮和腰臊，剞花刀将调料调和成汁。

② 中火加热，放入葱、姜、蒜和红泡椒爆香，再将火力调至最大，迅速下入准备好的腰花，爆炒 1 分钟，然后放入调味汁和黄瓜片，待汤汁收稠后装盘。

香菇降脂汤

材料：香菇 100 克，植物油少许，盐适量。

做法：

① 将香菇洗干净，去掉蒂，加热油，放入香菇煸炒，加盐调味。

② 另起锅，锅内加水，放入煸炒好的香菇煎煮成汤，即可食用。

小人参饭

材料：泰国香米 250 克，胡萝卜 100 克，海带 35 克，盐、鸡精各适量。

做法：

① 胡萝卜和海带洗净后切细丝，备用。

② 将米淘洗净，煮成饭。

③ 将煮好的米饭放入锅中加入适量油翻炒，同时放入切好的胡萝卜丝和海带丝，加盐、鸡精等调味，出锅装盘即可。

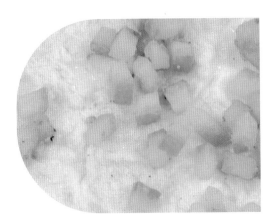

金沙炒牛奶

材料：鳕鱼肉 120 克，鸡蛋 3 个，牛奶 200 毫升，粟粉、淀粉、盐、鸡精、砂糖各适量。

做法：

① 把鸡蛋白取出，粟粉放入牛奶中拌匀，然后再加入蛋白、调料拌匀；将鳕鱼肉切成细粒后拌上淀粉煎香，倒起滤油。

② 放入鸡蛋白、牛奶，用小火炒至成形，取出放入碟中；最后将鳕鱼肉撒在牛奶上面即可。

银耳花生汤

材料：银耳 20 克，花生米 100 克，蜜枣、大枣各 10 个，薏米 15 克，盐适量。

做法：

① 大枣去核，蜜枣洗净，薏米水浸过。

② 将银耳泡发，洗净；花生米热水浸过，去皮。

③ 用水煲滚，放入花生米、蜜枣、大枣同煲，待花生煲好时，放入银耳、薏米一同煲汤。

④ 煲好后下盐调味，即可食用。

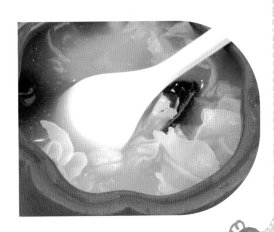

鱼头木耳汤

材料：木耳、油菜各 55 克，草鱼头 1 个，熟猪油、冬瓜各 110 克，料酒、葱段、姜片、盐、鸡精、糖、胡椒粉各适量。

做法：
① 冬瓜、油菜切片；将鱼头刮净鳞，去鳃片，洗净。在颈肉两面划两刀，放入盆内，均匀地抹上盐。
② 炒锅放入猪油，下鱼头煎至金黄色，烹入料酒、调料加盖小火炖 20 分钟，最后放入冬瓜、木耳、油菜即可。

酸甜莴笋

材料：嫩莴笋 500 克，西红柿 2 个，青蒜末 30 克，柠檬汁 80 克，白糖、盐各适量。

做法：
① 西红柿洗净去皮，切块；莴笋去叶、削皮、去根，洗净切丁后用开水余一下。
② 将柠檬汁、白糖、清水、盐放入大碗内搅匀，调好口味，再放入西红柿块、莴笋丁、青蒜末拌匀，放入冰箱贮存，随吃随取。

柠檬煎鳕鱼

材料：鳕鱼 155 克，柠檬 1 个，鸡蛋 2 个，柠檬汁、盐、鸡精、淀粉各适量。

做法：
① 将鳕鱼洗净，切块，加盐、鸡精等腌渍片刻，挤入少许青柠汁。
② 将准备好的鳕鱼块裹上蛋汁和淀粉，放入油锅中煎至金黄，装盘，点缀柠檬片即可食用。

黑木耳肉羹汤

材料：黑木耳 30 克，里脊肉 100 克，姜 4 片，酱油、淀粉、盐、花椒油、黑胡椒粉各适量。

做法：
① 将黑木耳泡水 3 ~ 4 个小时，捞出洗净，浸泡在清水中；姜去皮、切成片备用。
② 里脊肉切成 3 厘米块，拍松，加入酱油、花椒油、黑胡椒粉腌渍，待烹调前捞出沾裹淀粉做成肉羹备用。
③ 锅中加水烧开，放入黑木耳、姜片煮半小时，加入肉羹煮熟，再加盐即可。

绿豆小米粥

材料：绿豆、花生米、红枣各 55 克，小米 200 克，大米 100 克，核桃仁、葡萄干各 55 克，红糖适量。

做法：
① 花生米、核桃仁、红枣、葡萄干、小米、大米分别淘洗干净。绿豆淘洗干净，浸泡的半小时。
② 将绿豆放入锅内，加少量水，煮至七成熟，向锅内加入开水，下入上面的材料，搅拌均匀，开锅后改用小火煮烂即可食用。

鳗鱼饭

材料：笋片 55 克，青菜 100 克，鳗鱼 160 克，米饭 110 克，盐、料酒、酱油、糖各适量。

做法：
① 打开微波炉或烤箱，将温度调至 180℃，鳗鱼放盐、料酒等调味品腌渍片刻。将腌渍好的鳗鱼放入烤箱中烤熟。
② 笋片、青菜放入油锅中稍翻炒，加入鳗鱼，放入水、酱油、糖等调味，至水收干后出锅，将做好的鳗鱼汁浇在饭上即可食用。

05. 优育提纲

孕妈妈应该这样做

1 本月胎儿的大脑发育进入第二个高峰期，要多吃一些健脑食物，为胎儿的大脑发育提供充足的能量。

2 胎儿的视觉神经功能已经开始发育，此时可以用科学的方法进行光照胎教。

3 睡觉时采用左侧卧位。在休息和睡觉的时候，采用左侧卧位有利于下腔静脉的血液循环，减轻静脉曲张的症状，并用枕头将腿部垫高。

4 从现在到分娩，最好多吃些豆类和谷类的食品，这不仅能满足孕妈妈身体的需要，同时还可以满足胎儿在此阶段对营养的需要。

5 及时补充维生素A，B族维生素和维生素E。

孕妈妈不要这样做

1 杏仁具有一定的毒性，很有可能诱发胎儿畸形；核桃仁有可能引发流产，这两种坚果要谨慎食用。

2 坚果不宜多吃。坚果类油性较大，而孕妈妈的消化功能却相对有所减弱，如果过量食用坚果，很容易导致消化不良。每天食用坚果不宜超过50克。

3 长时间地看电视，可能会引起流产和早产，导致胎儿发育异常。另外，坐着看电视时间太长还会影响孕妈妈的下肢血液回流，加重下肢水肿，甚至出现下肢静脉曲张。因此每次最多看1~2个小时。

4 怀孕后期容易出现妊娠瘙痒症，这是肝内胆汁淤积造成的。所以孕妈妈一定要注意保护肝脏，避免吃高盐分食物。

06.保健护理

健康护理

日渐增大的胎儿,使孕妈妈动作笨拙、迟缓,只要身体稍微失去平衡,就会感到腰酸背痛或者腿痛。心脏的负担也在逐渐加重,血压开始升高,静脉曲张、痔疮、便秘这些麻烦,接踵而至地烦扰着孕妈妈。孕妈妈应该如何应对这些烦恼呢?

★ 腿部抽筋

为满足胎儿发育,孕妈妈需要较常人更多的钙。如果饮食中摄取钙不足,血钙浓度变低,就容易发生小腿抽筋。多发生于怀孕7个多月后,或是在熟睡醒来后,或是在长时间坐着,伸懒腰伸直双腿时。

腿部抽筋的原因

很多孕妈妈,在孕期尤其在晚上睡觉时会发生腿部抽筋。这是因为在孕期中体重逐渐增加,双腿负担加重,腿部的肌肉经常处于疲劳状态;另外,孕妈妈对钙的需要量明显增加。在孕中、晚期,每天钙的需要量增为1 200毫克。这种抽筋是因胎儿骨骼发育需要大量的钙、磷,如母亲的钙补充不足或血中钙磷浓度不平衡,可发生腿部肌肉痉挛。当体内缺钙时,肌肉的兴奋性增强,容易发生肌肉痉挛。而此时的孕妈妈腿部肌肉的负担要大于其他部位,因此更容易发生肌肉痉挛。如果膳食中钙及维生素D含量不足或缺乏日照,会加重钙的缺乏,从而增加了肌肉及神经的兴奋性。

腿部抽筋的治疗

妇女怀孕后,特别是在妊娠中期以后,有可能突然出现腓肠肌痉挛致小腿抽筋。发生小腿抽筋时,要按摩小腿肌肉,或慢慢将腿伸直,可使痉挛慢慢缓解,为了防止夜晚小腿抽筋,可在睡前用热水洗脚,也可以立即站在地面上蹬直患肢;或是坐着,将患肢蹬在墙上,蹬直;或请身边亲友将患肢拉直。总之,使小腿蹬直、肌肉绷紧,再加上局部按摩小腿肌肉,即可缓解疼痛。

★ 配置孕妈妈的小药箱

怀孕期间生病是很让孕妈妈们头疼的事。许多孕妈妈总觉得是药三分毒，什么药都不敢吃，宁可自己忍受病痛折磨，实在受不了就采用自己认为比较安全的中药。在怀孕期间生病，应该在医生指导下服用药物。绝对不吃或者滥用中药都是误区。

现在不少孕妈妈宁可自己吃苦，也不愿药物伤害胎儿，甚至连医生指导下的服药也不敢。其实有病不治对自身和胎儿同样可能带来伤害。只要坚持在医生的指导下正确用药，不仅能确保孕妈妈和胎儿的安全，还能减少胎儿感染某些疾病的机会。

1	任何药物均应在医生的指导下服用
2	能少用的药物绝不多用；可用可不用的，则不要用
3	必须用药时，则尽可能选用对胎儿无损害或影响小的药物。如因治疗需要而必须较长期服用某种可致畸的药物，则应终止妊娠
4	根据治疗效果，尽量缩短用药疗程，及时减量或停药
5	服用药物时，注意包装上的孕妈妈慎用、忌用、禁用字样
6	孕妈妈误服致畸或可能致畸的药物后，应找医生根据自己的妊娠时间、用药量及用药时间长短，结合自己的年龄及胎次等问题综合考虑是否要终止妊娠

第八章
怀孕七个月

★ 腿部痉挛的预防

在孕中后期孕妈妈应增加钙和维生素 B_1 的摄入量，钙的摄入量每天不少于 500 毫克。牛奶、鸡蛋、大豆制品、硬果类、芝麻、海产品等含钙丰富，应该多吃。另外，孕妈妈还要多晒太阳。

预防腿部痉挛：孕妈妈平时不要长时间站立或坐着，应每隔 1 小时就活动一会儿，每天到户外散步半小时左右。同时要防止过度疲劳；每晚临睡前用温水洗脚，并按摩；平时注意养成正确的走路习惯，让后跟先着地；伸直小腿时，脚趾弯曲不朝前伸。

★ 防治孕期瘙痒症

从中医的观点来看，孕妈妈皮肤过敏现象，通常都是由于妊娠末期的孕妈妈容易内热。因为体内多了一个宝宝，身体容易燥热，免疫系统也产生变化。妊娠期孕妈妈的皮肤瘙痒是属于湿疹的一种，这时候不妨用绿豆煮成汤，煮到绿豆壳稍稍开裂即可熄火，不加任何糖，只喝汤。因为绿豆偏寒，在孕期后期喝一些，除了可以降火气，还有减缓过敏的功效。如果是在秋冬季节则应该少喝一些。皮肤过敏所引起的皮肤瘙痒，还可以使用乳液，早晚各一次涂抹于患处。

胎教保健

还有三个多月，孕妈妈就可以见到亲爱的宝宝了。当然要加倍珍惜这如履薄冰的日子，体验着孕妈妈与准宝宝的幸福与快乐！

★ 孕妈妈和胎儿的对话

当胎儿的感官有了初步的发展后，接受的东西都以一种潜移默化的形式贮存在大脑中。研究表明，与胎儿进行语言交流，能够促进其出生后的语言乃至智力的发展。

胎儿听觉器官发育，在六个半月时发育成熟，其结构基本上和出生时相同。只有中耳的鼓室与乳突部分，在出生前鼓室内仅有极小量的空气和乳突的气化尚未完成。直到出生时随着哭叫与呼吸，空气经由咽鼓管进入鼓室，鼓室的气化才全部完成。另外，胎儿在宫内时，中耳内充满中胚层的胶状物。所以，胎儿从妊娠26周开始，耳已有了接收声波，将声波的"机械振动能"转换为"神经冲动"的能力。

这一点与正常人的功能相同。但是，这时胎儿的耳又有与正常人的功能不尽相同之处，即胎儿的耳朵对声波的传导以骨传导为主。胎儿的神经发育，从胎儿几个月开始，一直延续到2～3岁，许多感觉神经和运动神经的神经纤维其外周有由磷脂构成的髓鞘才逐渐长出和完善起来。对神经纤维来说，髓鞘除保证神经纤维传导兴奋的速度，同时还有绝缘作用，使传导的兴奋不至互相干扰。

有感情地和胎儿交流

多读文学作品，可以使孕期生活艺术化，孕妈妈的情绪也从中得到优化。孕妈妈在阅读并与胎儿进行交流时，一定要倾注情感，一切喜怒哀乐都将通过富有感情的声调传递给胎儿。

而且，不仅仅是朗读，对这些语言要通过你的五官使它形象化，让胎儿在母体内的活动情况阅读的内容更具体地传递给胎儿，因为胎儿对你的语言不是用身体而是用大脑来接受的。

但是提醒孕妈妈在阅读时投入感情是要适度的，不要阅读那些悲剧情节特别浓重的文学作品，以免过度伤感，影响胎儿和自身健康。

亲子联动胎教游戏

胎儿七八个月时，胎动最明显，经常与宝宝交流，对宝宝的智能和感觉发育很有好处。用一只手压住腹部的一边，另一只手压住另一边，轻轻挤压，感觉胎儿的反应，这样做几次后，胎儿可能会将手或脚移向妈妈的手。随着音乐的节奏轻轻在肚子上打拍子，通常重复几次后，胎儿会有反射动作。以两三拍的节奏轻拍腹部，回应几次后，你再拍两下，胎儿会在你拍的地方回踢两下，若轻拍三下，胎儿可能会回踢三下。胎儿睡觉时就不要去打扰他。可以边玩边放轻柔、舒缓的音乐。

这只是给胎儿一个良性刺激，如果感觉宝宝不喜欢，就不要进行，玩的时间也不要太长。

吃好孕期三顿饭

★ 对胎儿进行语言训练

西方一些国家的胎教学校为胎儿设有语言训练课，凡是受过美国凡德卡胎教学校语言训练的胎儿，在出生时大脑中约记有 50 个单词，所以有些胎儿生后两周就说："哦哦"、"爸爸"等，这说明用父母充满爱的讲话声刺激胎儿的听觉和语言中枢神经，可使胎儿的语言中枢神经、大脑发育得早，发育得快，发育得好。凡德卡的儿子经胎教，生后 4 个月就能讲简单的话，4 岁就能讲英语、西班牙语，而且懂得照顾自己。

语言刺激是听觉训练的一个主要内容，尤其是准爸爸的对话很容易透入宫内，每天屋子安静的时候，孕妈妈觉出胎动较活跃的时刻可以向胎儿对话，对话的内容要简单。在与胎儿进行对话时可以给胎儿起个乳名，一直用这个乳名呼唤他，他会感到亲切，并有安全感，对于将来健康人格的形成是很有利的。

胎儿时期活动较强的小宝贝，出生 6 个月后，要比活动较差的小宝贝动作发育快。他们在出生后，在站立、爬行、行走等运动方面的能力，要比一般的宝宝超前发育，手脚较灵活，步履也更稳健。

父母与胎儿讲话，不仅能够增加夫妻间的恩爱，共同享受天伦之乐，还能将父母的爱传达到胎儿那里，这对于胎儿的情感发育也具有莫大的好处。

第八章
怀孕七个月

运动保健

在这个月里散步是最好的运动方式，可以借助紫外线杀菌，还能使皮下脱氢胆固醇转变为维生素 D_3。

★ 孕 7 月的孕妈妈出游

怀孕的最后几个月，孕妈妈容易发生早产和其他一些特殊情况，如出血、破水等等，不适合长途旅游了。不过，适量的运动有助于胎宝宝平衡功能的发育。

所以，在这个时候，尽管孕妈妈的身体已经很重了，但也不能放弃运动。此时不要长途旅游了，除非有很特殊的情况，而且还必须请示你的医生。

目前，多数航空公司规定怀孕 36 周以上的孕妈妈不得登机旅行。建议选择一些极短程的出游。

★ 工作时的自我放松

怀孕期你在办公室做一些简单的布置，就可以舒适地工作了。

1	穿舒适的鞋，可以选择适合孕妈妈的长袜
2	穿宽松舒适的连衣裙。制服的弹性适合你坐下并站起
3	把脚放舒服，可以在办公桌底下放个鞋盒作搁脚凳，并放双拖鞋
4	避免去危险的工作场所
5	如果想去洗手间，尽快去，不要忍着
6	找其他做过母亲的同事咨询一些孕期工作问题
7	计算一下办公空间，孕妈妈更容易受腕管综合征的影响，因此应采取措施把你的桌椅调整得尽可能地舒适

吃好孕期三顿饭

★ **树式运动**

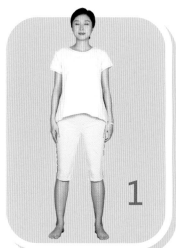

◀直立，足与肩同宽，胸部略挺，自然呼吸，目光集中注视身体前方的地面。

◀抬起左脚，并尽量抬高到右腿内侧，用手帮助把脚放到正确位置，保持平衡。

▶反方向抬起右脚，并尽量抬高到左腿内侧，用手帮助把脚放到正确位置，保持平衡

▶右脚要紧压在左腿内侧，不要向下滑动，双手举过头顶。

▶左脚要紧压在右腿内侧，不要向下滑动，双手举过头顶。

第九章
怀孕
第八个月

01.发育特征

母体变化

★ 第二十九周

此周孕妈妈的体重增加了8.5～11.5千克，子宫的顶部大约比肚脐高出7～10厘米。躺久了，可能会出现头晕、心慌、出汗等症状，这就是仰卧综合症，出现这个症状的时候要改换左侧卧位就可缓解了。便秘、背部不适、腿肿及呼吸的状况可能会恶化。正确的姿势、良好的营养及适当的锻炼和休息都可以改善这些问题。

最后3个孕月，大约有20％孕妈妈会发生鼻子通气不畅或鼻出血的情况。这种情况不一定是得了感冒，大多是内分泌系统分泌的多种激素刺激鼻黏膜，使鼻黏膜血管充血肿胀从而引起的。一旦分娩，鼻塞和鼻出血随之消失，不会留下后遗症。

★ 第三十周

子宫底高28～30厘米，上升到心窝部下面一点，因此向后压迫心脏和胃，引起心跳、气喘，或者感觉胃胀、没有食欲。孕妈妈还会感到身体沉重，行走不便，经常感到腰背及下肢酸痛。你如果感到子宫收缩、腹痛或发胀，就要赶紧休息。这个时期易患妊娠高血压综合征，日常饮食上注意少放盐，睡眠要充分，平常抓紧一切时间休息，以保持自己的精力。

★ 第三十一周

可能会发现自己变得非常健忘。随着分娩的临近，越来越关注的是即将出生的宝宝。

这个时期，乳腺很发达，所以轻轻按压乳头就能分泌出初乳。初乳可以保护胎儿免受各种疾病或细菌的侵害，因此，为了充分地喂养初乳，孕妈妈应该在分娩前认真进行乳头保养和按摩，这种乳房护理对分泌乳汁很有利。

★ 第三十二周

此时，子宫底已上升到横膈膜处，孕妈妈会感到呼吸变得越来越困难，喘不上气来，吃下食物后也总是觉得胃里不舒服。不用着急，这样的状况马上就要到头了，情况很快会有所缓解。

吃好孕期三顿饭

胎儿变化

★ 第二十九周

这个月的宝宝体重已有 1 100 ～ 1 400 克，坐高约为 26 厘米，几乎已经快占满整个子宫的空间。胎儿活动也变得比较频繁，这一时期应该开始记录下每一次有规律的胎动，有的小宝宝会用小手、小脚在你的肚子里又踢又打，也有的小宝宝相对会比较安静，宝宝的性格在此时已有所显现。怀孕晚期，体重不会有很大的变化，但是子宫上移到胸部以上，这会严重压迫心脏。所以孕妈妈容易感到不适应，食欲也有所下降。可将一日三餐分成 4 ～ 5 次吃。

此外，烹煮食物时，尽量采用能够促进消化的烹调方法。油炸食品或火炒食品不利于消化，而且热量很高，所以要尽量避免，最好多用蒸、煮的方法制作料理。

★ 第三十周

宝宝肌肉发达起来，胎儿的活动更为激烈，有时可以用脚踢蹬子宫壁。但这时，胎儿的呼吸功能、胃肠的吸收功能、肝脏功能以及体温调节能力都较差，应避免早产。

★ 第三十一周

此周宝宝重 1 500 克左右，从头到脚长约 44 厘米，胎儿生长速度加快，胎儿主要的器官已初步发育完毕。男孩子的睾丸还没有降下来，但女孩子的小阴唇，阴核已清楚的突起。神经系统进一步完善，胎动变得更加协调而且多样了，不仅会手舞足蹈，还能转身了。

怀孕 31 周时，胎儿开始进行眼睛的闭合练习，比较能分辨黑暗和光明。但是胎儿的视力还不够发达，不能像成人一样看得很远，视野只有 20 ～ 30 厘米。若是外面有光线照射，胎儿会随之转动头部或伸手触摸。

★ 第三十二周

这周胎儿的眼睛时开时闭，他大概已经能看到子宫里面的景象，也能辨别明暗，甚至能跟踪光源。如果你用一个小手电照射腹部，胎儿不但会转过头来追随这个光亮，甚至还会伸出小手来触摸。

四肢和头部大小的比例适中，开始具备新生婴儿的模样。皮下脂肪继续增加，身体逐渐变得胖乎乎的，各个器官也更加成熟。

02.本月所需补充的营养

补充钙质

每天大约要有 200 毫克的钙用于宝宝的骨骼发育，因此，孕妇应该多喝一些牛奶，每天最好喝 2 杯（500 毫升）。不爱喝牛奶的孕妇也可以喝豆浆，多吃豆制品、海带和紫菜，这些食物中钙的含量也很高，特别是海带和紫菜中还含有丰富的碘，有利于宝宝发育。缺钙比较严重的孕妇要根据医生的建议补充钙剂。

豆浆

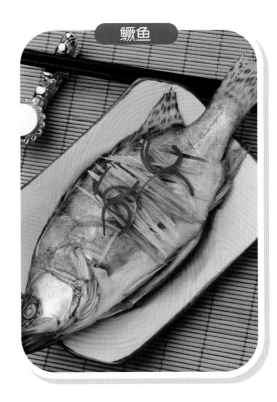
鳜鱼

吃好孕期三顿饭

摄取足够的蛋白质和脂肪酸

孕妇要摄取足够的优质蛋白质和必需的脂肪酸,但尿蛋白高的孕妇应限制蛋白质、水分和食盐的摄入,多吃植物性油。注意均衡营养,平常的饮食生活要节制食盐的摄取,热量高的食物、甜食、面包等主食不要吃太多,要多吃含有优质蛋白质的蛋、牛奶、肉类以及大豆制品。

牛腿肉

黄豆芽

03.本月孕妈妈 特别关注

孕妈妈不宜听摇滚音乐

摇滚乐属于过分激烈的音乐，长期听这种音乐，会使孕妈妈的神经系统受到强烈的刺激，并破坏心脏和血管系统的正常功能，使人体中去甲肾上腺素的分泌增多，从而使孕妈妈子宫的平滑肌收缩，造成胎儿血液循环受阻，形成胎盘供血不足，引起胎盘发育不良。同时，这也是造成流产或早产的诱因之一。

听轻音乐时胎儿活动平缓，心率正常，出生后再听轻音乐时表现安详，甚至面露微笑；而那些在胎内常听强烈迪斯科音乐的胎儿，心率较快，活动频繁，出生后再听这种音乐时会显得烦躁不安，四肢不停地扭动，即使停放了这种音乐，也要经过一段时间才能恢复安静，因此，听摇滚音乐对孕妈妈及胎儿无益。

不宜去人多拥挤的地方

平时人们免不了经常去人多拥挤的场合，但孕妈妈则不宜去，否则会有以下危险：

★ 易拥挤发生意外

在人多拥挤的地方挤来挤去，孕妈妈一旦受挤，便有流产的可能，如挤着上公共汽车就很危险。人多拥挤的场合，容易发生意外，如在广场看节目，就有可能挤倒人，孕妈妈由于身体不便，最容易出现问题。

★ 空气污浊

在人多拥挤的地方，空气污浊，会给孕妈妈带来胸闷、憋气的感觉，胎儿的供氧也会受到影响，比如在拥挤的室内看节目，就十分不利。

★ 易传染上疾病

在很多拥挤场合都有这种危险。公共场合中各种致病微生物的密度远高于其他场区，尤其在传染病流行的期间和地区，孕妈妈很容易染上病毒和细菌性疾病。这些病毒和细菌对于一般健康人来说可能影响不大，但对孕妈妈和胎儿来说却是比较危险的。

听轻音乐时胎儿活动平缓，心率正常，出生后再听轻音乐时表现安详，甚至面露微笑；而那些在胎内常听强烈迪斯科音乐的胎儿，心率较快，活动频繁。因此，听摇滚音乐对孕妈妈及胎儿无益。

吃好孕期三顿饭

04. 本月推荐 营养菜谱

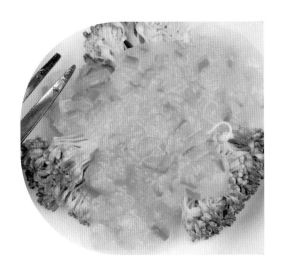

翡翠奶汁冬瓜

材料：红椒 20 克，鲜奶 50 毫升，冬瓜、西蓝花各 300 克，牛油、蒜蓉、鸡精、白糖、淀粉、盐各适量。

做法：
① 红椒洗净，切成细粒，西蓝花切成小朵，将冬瓜去皮，切成小块，放入滚水中焯熟，捞起滤干水分。
② 爆香蒜蓉，再加入西蓝花炒熟，倒入芡汁炒匀，将牛油放入锅中煮熔，红椒粒、冬瓜及调料淋在西蓝花上面即可。

多宝饭

材料：糯米 200 克，红豆、白糖各 100 克，桂圆 50 克，莲子、松仁、葡萄干、大枣、花生仁各适量。

做法：
① 将泡好的糯米、洗净的红豆、花生仁、莲子、大枣、松仁、桂圆，一起放入电饭锅中，加水煮熟。
② 再加入葡萄干及白糖，搅拌均匀，焖 10 分钟后即可食用。

第九章
怀孕第八个月

桂圆小米粥

材料： 小米 80 克，桂圆肉 50 克，白糖适量。

做法：

① 小米淘洗净，加入 5 杯水煮粥。

② 粥将熟时，将桂圆肉剥散加入，稍微搅拌，续煮 12 分钟，加适量白糖调味即可食用。

姜汁糯米糊

材料： 糯米 150 克，生姜汁适量。

做法：

① 将糯米和生姜汁共同放入锅中，用小火翻炒，炒熟后倒出，待糯米稍冷却后磨成细粉。

② 食用时用开水将粉调成糊状即可。

黑芝麻百合

材料： 鲜将鲜百合剥开，洗净备用。

做法：

① 将鲜百合剥开，洗净备用。

② 锅烧热，倒入少许油，放入鲜百合翻炒。

③ 当油五成热时，再放入黑芝麻酱一同翻炒，加盐调味，炒熟后出锅即可。

雪花黄鱼羹

材料：韭菜 40 克，鸡汤 650 克，黄花鱼 450 克，姜片 5 克，鸡蛋 2 个，麻油、淀粉、糖、盐、胡椒粉各适量。

做法：

① 将黄花鱼剖洗干净，抹干水分。

② 把姜片放在黄花鱼身上，放入锅内隔水用猛火蒸 5 分钟，取出拆肉。

③ 将蛋白取出，搅匀待用，韭菜洗净后切细粒。

④ 将鸡汤、姜片放入锅内煮滚，加入鱼肉及调料，然后边搅拌边加入淀粉打芡，再倒入蛋白，并不断搅拌，最后放入韭菜及麻油便成。

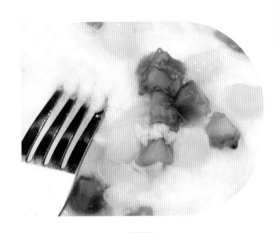

一品海鲜煲

材料：响螺片 55 克，西蓝花 250 克，鲜虾、鲍鱼、泡发海参各 100 克，姜片 10 克，料酒 5 克，糖 3 克，蚝油 20 克，鸡精 5 克，胡椒粉、麻油各适量。

做法：

① 把泡发海参剖洗干净，切段，与响螺片一起放入滚水中煮 2 分钟，捞起滤干水；将西蓝花切成小朵，洗净备用。

② 将鲍鱼剖洗干净，刷去表皮脏物。加入姜片爆香，再加其他材料，加入滚水，盖上盖煲 3 分钟，最后放入调料拌匀即可食用。

糖醋鱼片

材料：红椒 20 克，鲜鱼 200 克，菠萝片 15 克，青椒 25 克，番茄酱、蒜末、淀粉、醋、白糖各适量。

做法：

① 鲜鱼去鱼骨，切成片状；裹淀粉油炸至熟透；菠萝去皮、切片；青椒、红椒洗净、去籽切片；与鱼片一起摆入盘中。

② 起油锅，爆香蒜末，放调味料及少许水，以小火煮开后，淋在鱼片上即可。

第九章
怀孕第八个月

陈皮绿豆饮

材料：绿豆 80 克，陈皮丝 4 条，冰糖适量，水 1 200 毫升。

做法：
① 绿豆洗净浸泡于水中 25 分钟。
② 锅中加水及陈皮煮滚，再加入绿豆滚煮 12 分钟，改小火煮至绿豆软化成沙，加入冰糖调至自己喜欢的甜度即可。

狝猴桃洋葱汤

材料：菠萝 160 克，狝猴桃 200 克，洋葱 80 克，牛奶、白糖、淀粉、黑胡椒粉各适量。

做法：
① 洋葱去皮，切碎；狝猴桃去皮，切 1 厘米小块，用榨汁器榨汁。
② 锅中倒油烧热，放入洋葱爆香，转中火炒至微软，加入菠萝丁快炒，再加水以中火煮，最后加入狝猴桃丁及牛奶勾芡，食用时撒上黑胡椒粉。

紫苏麻仁粥

材料：紫苏子、麻仁各 20 克，大米 200 克。

做法：
① 将紫苏子、麻仁捣烂后加水浸泡后并搅成汁。
② 取汁放入锅内，加淘洗干净的米熬粥即可食用。

生菜包鸡

材料： 洋葱80克，鸡肉150克，香菇6克，芹菜50克，香菜5克，生菜叶4片，红葱头末、柠檬汁、白糖各适量。

做法：

① 将所有材料均洗净，香菇泡软，分别剁碎备用。爆香红葱头末、香菇及洋葱，放入鸡肉煸炒约5分钟。

② 再加芹菜、香菜炒匀；起锅前加调味料拌匀，食用时配以生菜叶包着一起食用。锅装盘即可。

莲子薏米炖猪骨

材料： 莲子6克，薏米10克，猪排骨500克，冰糖100克，姜、葱、花椒、黄酒、卤汁、小麻油、鸡精各适量。

做法：

① 莲子去芯，与薏米一起洗净，入锅炒香，捣碎，放入适量水中煮烂，取汁备用。

② 把猪排骨洗净，切成小块；姜切片，葱切段，备用。

③ 把猪排骨、姜、葱、花椒放入锅内，加入莲子薏米汁，置火上煮至七分熟，去浮沫，捞取排骨晾凉，将卤汁倒入锅中加冰糖，在小火上炖1小时，烹入黄酒后，至浓汁即可。

健美牛肉粥

材料： 大米100克，牛里脊肉150克，牛骨高汤10杯，芹菜末、盐、黑胡椒各适量。

做法：

① 将大米洗净沥干，牛里脊肉洗净并切成细丝。

② 牛骨高汤加热煮沸，放入粳米和牛里脊肉，续煮至滚时稍微搅拌，改小火熬煮30分钟，加盐调味。

③ 盛入碗中，在粥表面撒上黑胡椒、芹菜末，一起翻炒数下，加入盐、香麻油调匀即可盛起。

05. 优育提纲

孕妈妈应该这样做

1 这时候胎儿的听觉系统发育完成，可以多给胎儿放一些音乐，刺激听觉神经的发育。

2 孕晚期白带会越来越多，护理不恰当就可能引起外阴炎和阴道炎，导致胎儿在出生经过阴道时被感染。因此，日常生活中要注意保持外阴清洁卫生。

3 此期是胎儿大脑细胞增殖的高峰，孕妈妈需要提供充足的必需脂肪酸，以满足大脑发育所需，多吃海产品可利于DHA（二十二碳六烯酸）的供给。

4 从现在开始，每两周进行一次定期检查，及时和医生沟通身体情况。

孕妈妈不要这样做

1 为了预防妊娠高血压综合征，要减少盐和水分以及糖分的摄取量，为此要适当改变烹调方法和饮食习惯。

2 高浓度、高糖分的食物、刺激性食物、酸性水果都会加重胃灼热感，因此要谨慎食用。

3 孕晚期，胎头逐渐下降，落入盆腔中，向前压迫膀胱，使膀胱变窄，贮尿量减少，从而出现尿频现象。任何情况下都不要憋尿，有了尿意及时排尿，否则容易造成尿潴留。

4 预防缓解便秘，在增加粗粮时不应操之过急，应循序渐进。

06.保健护理

健康护理

★ 胎位不正的纠正

胎位不正指妊娠 8 个月后，在检查中确定胎头并不在下腹部。常见有臀位、横位、足位等。其原因可能是子宫发育不良、骨盆狭小、胎儿发育失常等引起。

怀孕 7 个月前若发现胎位不正，不必处理，因这时胎儿小，羊水相对较多，胎儿在宫内移动度大，还在变化之中。如妊娠 7 个月后胎头仍未向下，也就是说臀位、横位、足位时，应予以矫正，方法如下：

膝胸卧位

排空小便，解松腰带，小腿与头和上肢紧贴床面，在床上呈跪拜样子，但要胸部贴紧床面，臀部抬高，使大腿与床面垂直，这种体位保持 15 分钟，然后再侧卧 30 分钟。每天早、晚各做 1 次，连续做 7 天。但心脏病高血压患者忌用本法。

桥式卧位

用棉被或棉垫将臀部垫高 30 ～ 35 厘米，孕妈妈仰卧，将腰置于垫上。据说这种方法比膝胸卧位效果好。每天只做 1 次，每次 10 ～ 15 分钟，持续 1 周。

外治法

灸时放松裤带，腹部宜放松。点燃艾条后，将火端靠近足小趾，趾甲外侧角处（穴位），保持不被烫伤的温热感，或用手指甲掐压至阴穴。

孕妈妈在生活中要避免这些行为

1	患病孕妇不宜久坐久卧，要增加诸如散步、揉腹、转腰等轻柔的活动
2	胎位不正是常事，而且完全能矫正，孕妈妈不必焦虑愁闷。情绪不好不利转变胎位
3	忌过多食用寒凉性及胀气性食品，如西瓜、螺蛳、蛏子、山芋、豆类、奶类、糖
4	大便要通畅，最好每日排便

★ 羊水过多过少都有害

所谓羊水，是指怀孕时子宫羊膜腔内的液体。在整个怀孕过程中，它是维持胎儿生命所不可缺少的重要成分。有人说人类是另一种类型的"两栖动物"，胎儿时期住在水中，出生后生活在陆地上。而孕育胎儿的神奇之水便是羊水。羊水究竟是如何形成的呢？"羊水过多"或"羊水过少"又是两种什么样的情况呢？让我们一起来探究羊水的秘密。

羊水是如何形成的

在胎儿的不同发育阶段，羊水的来源也各不相同。在妊娠第 1～3 个月期，羊水主要来自胚胎的血浆成分；之后，随着胚胎的器官开始成熟发育，其他诸如胎儿的尿液、呼吸系统、胃肠道、脐带、胎盘表面等等，也都成为羊水的来源。羊水中 98%～99% 是水，1%～2% 是溶质。羊水中也含有葡萄糖、脂肪和有机物。医学上常化验羊水中的某些成分来了解胎儿的健康状况。整个孕期胎儿都在羊水中舒适地度过。

第九章
怀孕第八个月

28周左右，会增加到700毫升；在32～36周时最多，约1000～1500毫升；其后又逐渐减少。

因此，临床上是以300～2000毫升为正常范围，超过了这个范围称为"羊水过多症"，达不到这个标准则称为"羊水过少症"，这两种状况都是需要特别注意的。

羊水的量

一般来说羊水的数量会随着怀孕周数的增加而增多，在20周时，平均是500毫升；到了

羊水是孕育胎儿的神奇之水，其重要性如下

1	在妊娠期，羊水能缓和腹部外来压力或冲击，使胎儿不至直接受到损伤
2	羊水能稳定子宫内温度，使不致有剧烈变化，在胎儿的生长发育过程中，胎儿能有一个活动的空间，因而，胎儿的肢体发育不致形成异常或畸形
3	羊水可以减少孕妈妈对胎儿在子宫内活动时引起的感觉或不适
4	羊水中还有部分抑菌物质，这对于减少感染有一定作用
5	在分娩过程中，羊水形成水囊，可以缓和子宫颈的扩张
6	在臀位与足位时，可以避免脐带脱垂
7	在子宫收缩时，羊水可以缓冲子宫对胎儿的压迫，尤其是对胎儿头部的压迫
8	破水后，羊水对产道有一定的润滑作用，使胎儿更易娩出

★ 外阴发痒怎么办

有的女性在怀孕后会出现外阴瘙痒，经过身体检查之后，如果并没有其他疾病，则多由于精神因素或外界刺激引起。

外界刺激

消除瘙痒，在医生同意的情况下可用中草药熏洗。苦参 30 克，蛇床子、地肤子各 20 克，黄连、黄柏各 12 克，花椒、明矾、百部各 10 克，艾叶 6 克，用冷水 1000 毫升浸泡 10 分钟，再煎煮 20 分钟，过滤药渣后倒入小盆内，患者趁热坐在其上，熏洗阴部。待药液稍温（以不烫手为度），再用毛巾蘸药液洗阴部，每次不得少于 15 分钟，每日两次，连用 7 剂为一疗程。

精神因素

医学研究证明，女性在怀孕之后，由于生活有了某些改变，如性交的减少或中断、对妊娠的恐惧心理、失眠等常会引起外阴瘙痒。由于外阴瘙痒会造成失眠，以致精神不振、食欲减退，从而会使身体抵抗力降低，因此对妊娠和顺利分娩都是不利的。

对于这类的外阴瘙痒，首先要停止各种烫洗措施，其次要停用一切含"松"的药物。停药之初可能更痒，这时可用叠厚的冷毛巾湿敷外阴，每 3 分钟清洗毛巾 1 次，不使其变热。持续冷敷，直到不痒，再痒再敷。不涂任何药物，终可痊愈。因此，临床上是以 300 ～ 2 000 毫升为正常范围，超过了这个范围称为"羊水过多症"，达不到这个标准则称为"羊水过少症"，这两种状况都是需要特别注意的。

第九章
怀孕第八个月

★ 鼻出血怎么办

孕期流鼻血是怀孕期间较常见的一种现象，在怀孕的早期、中期、晚期都会出现，尤其是在怀孕的中晚期会更严重，所以请孕妈妈不用着急。

女性怀孕后，卵巢和胎盘会产生大量雌激素，尤其是妊娠7个月后，经卵巢进入血液中的雌激素浓度可能超过怀孕前20倍以上，血液中大量的雌激素可促使鼻黏膜发生肿胀、软化、充血，如果血管壁的脆性增加，就容易发生破裂而引起鼻出血。尤其是当孕妈妈经过一个晚上的睡眠，起床后，体位发生变化或擤鼻涕，更容易引起流鼻血。此外，鼻息肉、血液病、凝血功能障碍、急性呼吸道感染等疾病，也会经常产生流鼻血的现象。

鼻出血如何预防

注意饮食结构，在怀孕中期可多吃些富含维生素E的食物，比如白菜、青菜、黄瓜、番茄、苹果、红枣、豆类、瘦肉、乳类、蛋类等，这样可以增强血管弹性。不吃或少食油煎、辛辣等燥性的食品。气候干燥时，要适当多饮水。少做比如擤鼻涕、挖鼻孔等动作，避免因损伤鼻黏膜血管而出血。

每天用手轻轻地按摩鼻部和脸部的皮肤

1～2次，促进孕妈妈身体局部的血液循环与营养的供应，尤其是在冬天。

室内要保持一定湿度，尤其在冬季时，如果孕妈妈平时就有较严重的鼻腔疾病或鼻出血多而频繁时，最好及时到医院请医生诊断。

鼻出血如何处理

孕妈妈一旦出现鼻出血时，应该迅速仰卧，用拇指和示指压鼻翼根部，持续5～10分钟，然后再用湿冷毛巾敷额或鼻部，一般出血可止住。如果出血较多，可以请别人对着孕妈妈的双耳连吹3～5口长气，也能起止血作用。其次，重视饮食保健可防止鼻出血。

★ 胃灼痛怎么办

孕妈妈们还会遇到一个不舒服的事情，就是胃灼痛。怀孕期间，由于激素的变化，孕妈妈的胃部的入口处松弛，胃液就反向流到食管而引起胃灼痛。孕妈妈会感到胸部中央有强烈的烧灼性疼痛。对付这个问题，可以从以下几方面入手。

1	夜间喝一杯温牛奶
2	觉时多用一个软垫，把头垫高
3	去看医生，医生会给你服用中和胃酸的药物
4	避免吃大量的谷类、豆类及有很多调味品或油煎的食物

胎教保健

可以说，孕妈妈的每一天都在为迎接宝宝的到来而时刻准备着。从精神到物质，凡是我们能够想到的，都尽可能地去做，去学习，去储备。胎教——是每日必做的一件事情，也是整个孕期最重要的环节。

★ 胎教和睡眠相结合

孕妈妈休息是非常重要的，睡眠是休息的最高形式。因此，孕妈妈必须保证有良好的睡眠，保证充足的休息。

睡眠能调节人的神经，放松肌肉。通过睡眠可使内脏器官的血液循环正常，新陈代谢平衡。睡眠可算是最彻底的休息，如果睡眠不足，孕妈妈非常容易疲劳，对胎儿也很不利。为保证充足的睡眠，孕妈妈每天夜间至少要睡够 8 个小时。以前就习惯 8 小时睡眠或者午间休息不好的孕妈妈应延长 1～2 个小时。夜间醒过几次的，也要晚起 2 小时左右。

注意睡觉的姿势

为了能睡个舒服的觉，保证睡觉的质量，一定要注意睡觉的姿势。睡觉时，最好能在脚下垫一个枕头，这样有利于血液循环，防止两腿水肿，起到充分解乏的作用。胎儿在母体内可得到很好的保护，一般是孕妈妈采取自己所喜爱的睡姿，胎儿就不会被压坏。但到了怀孕中期，孕妈妈应采取左侧卧位，可改善子宫的右旋程度，利于子宫供血。这样做，胎儿能更好地生长发育，孕妈妈也能安全分娩。

避免采用仰卧式睡姿

有些孕妈妈怀孕月份较大，担心侧卧会挤压了胎儿，便采用仰卧式睡姿。首先，这种担心是多余的，而且仰卧睡姿弊端非常多。在第 6 个孕月时子宫已明显增大，仰卧位时就会压向脊柱，使位于脊柱侧的大血管受压，影响流向心脏的血液量，使心脏向全身各组织器官输出血量减少。

如果大脑供血严重不足，孕妈妈会感到头晕、心慌；如果子宫供血减少，就会使胎儿缺血、缺氧。仰卧位还可压迫输尿管，影响尿液流入膀胱，使尿量减少。这不仅不利于代谢废物排出体外，还可能会引起孕妈妈的身体发生水肿。

到了第 5 个月的时候，胎动越来越明显，会影响孕妈妈的食欲和情绪。因此，要采取一些措施，使孕妈妈安安稳稳地睡觉。比如：晚餐量少而清淡，晚饭前出去散步半小时，临睡前洗温水澡，睡觉前喝 1 杯牛奶。

第九章
怀孕第八个月

运动保健

怀孕8个月，体重增加，身体负担很重，这时候运动一定要注意安全，既要对自己分娩有利，又要对宝宝健康有帮助，还不能过于疲劳。

★ 汽车族孕妈妈的出行处方

汽车族孕妈妈出行，如果是丈夫开车送孕妈妈工作，可以避免剧烈的动作，是一种比较安全的出行方式。可是，总是坐在车里，较少活动，容易下肢水肿、发胖，将来分娩时也可能会发生一定的困难，适当活动还是有必要的。如果孕妈妈自己开车，无论何时都要注意避免紧急刹车摇晃到肚子，更应留心安全带的位置，不要紧紧地勒在腹部，让胎儿到不适或疲劳，如果必须进行万不得已的旅行，要避开孕早期和孕晚期，选择相对安全的孕中期，并需有人陪同。

★ 改善胎动不舒服症状

怀孕后期，胎宝宝在子宫里活动常常让孕妈妈感觉不适。可通过以下方法改善：

1	深深地吸一口气，慢慢地将一只手臂举高到头上
2	深深地吐气，慢慢地将手臂放下

重复做此运动可以减轻呼吸困难的痛苦和消化不良的现象，也可以使胎儿移动到一个令你比较舒服的位置，并消除紧张和疲劳，增强体力。如果因为胎儿的活动太活跃，使孕妈妈晚上睡不着觉，不妨换个姿势，还是不见效的话，可请准爸爸帮孕妈妈按摩。

吃好孕期三顿饭

★ 帮助孕妈妈顺产

怀孕后期，胎宝宝在子宫里活动常常让孕妈妈感觉不适。可通过以下方法改善：

会阴肌肉运动1	增加会阴肌肉韧力及控制力，对分娩及复原有帮助
会阴肌肉运动2	仰卧，屈曲双脚及微微分开，收缩骨盆底的会阴肌肉，数4秒放松，再数4秒，重复做10次
腰部运动	仰卧，双脚用两个枕头垫高。腹肌运动矫正腰部及盘骨的姿势
臀部运动	仰卧，屈曲双膝，收缩腹部及臀部肌肉至腰部压着准爸爸的手，数5秒放松，再数5秒，伸直双脚，休息一会，重复做5次

★ 脊椎伸展运动

►盘腿而坐，挺直腰背，两手腕交叉后用左手抓右臂。

►再用右手抓左臂。腰背也要挺直。

►在胸前合掌内推，挺胸，放松肩部。此运动也可改为两手同时向外推臂。练习此运动能增进血液循环，强健胸部肌肉，防止乳房下垂，增强臂力。

第十章

怀孕
第九个月

01. 发育特征

母体变化

★ 第三十三周

如果这是第一个宝宝,他可能转为头朝下的姿势,为出生做好准备。

一旦宝宝的头朝下了,孕妇的呼吸会容易些,消化不良的症状也会得到改善。

★ 第三十四周

每次产前检查都要测量血压和化验尿液。

可能注意到手上的戒指紧了,或者手脚肿胀。这是因为液体积留,但如果紧身的衣服限制了血液流动,情况会变得更糟。体重增加的速度比孕期的任何时候都快得多,孕妇可能对自己腹部长得那么大而感到惊讶。腹部轻微的疼痛。如果孕妇还没有开始补充叶酸,要尽快服用,并在孕期第一时期坚持服用。

★ 第三十五周

孕激素松弛素及宝宝的体重作用引起骨盆连接部扩张,为分娩做准备。可越来越感觉到这些部位有些不舒服。此时胎儿的头部已降入骨盆,紧压在你的子宫颈口。所以要小心活动,避免长期站立。

此外还要加大水分的摄入量,因为母体和胎儿都需要大量的水分。即使腿脚肿得已经很厉害了,也不要限制喝水,但若手或脸突然肿起来,就一定要咨询医生。

★ 第三十六周

从现在直到分娩为止,最好每周做一次产前检查。这些检查包括 B 型链球菌抗体检测。

发现睡觉时做梦增多,而且梦境都非常生动。

孕晚期有早产或细菌感染的危险,所以性生活时要特别小心。在怀孕 9 个月之前,可以进行适度的夫妻性生活,但在怀孕 35 周以后,最好不要发生性关系。

怀孕晚期,身体开始为分娩做准备,子宫入口或阴道变软,阴道内分泌物也增多。这时敏感的子宫颈部很容易被细菌感染。而从怀孕 9 个月开始,轻微的刺激也能导致子宫收缩,进而发生早产。

怀孕晚期发生性关系时,要选择不会增加孕妈妈腹部负担的体位,而且动作要尽量轻柔。轻松的性行为可以减轻孕妈妈对于分娩的心理负担,同时也能增进夫妻之间的感情。所以在孕晚期,夫妻之间的性生活应尽量选择安全体位,比如选择后侧位或后坐位,即丈夫从后面抱住妻子,这种体位不会压迫腹部,而且比较轻松。

胎儿变化

★ 第三十三周

此时胎儿全身的皮下脂肪更加丰富，皱纹减少，看起来更像一个婴儿了。现在胎动的次数会比原来少，动作也会减弱，不用担心，这是因为妈妈子宫的空间已经快被占满，他的手脚动不开了而已。

若是男婴，此时胎儿的睾丸从腹部下移到阴囊内。但也有的胎儿直到产后，一个或两个睾丸都不能到达正常位置。不过，也不用为此感到特别担心。宝宝1周岁之前，睾丸通常都能正常归位

★ 第三十四周

胎儿的皮下脂肪开始大幅的增加，身体开始变得圆润。胎儿头部已经开始降入骨盆且胎儿的生殖器官的发育也近成熟。有的胎儿已长出了一头胎发，也有的头发稀少，前者并不意味着将来宝宝头发就一定浓密，后者也不意味着将来宝宝头发就一定稀疏，这是因宝宝的个体差异不同而造成的。

相对于胎儿的身体，子宫过于狭窄，所以胎儿的活动会减少，但胎儿可以自由地活动身体，能控制自己的身体位置和方向。这个时期，大部分胎儿把头部朝向妈妈的子宫，开始为出生做准备。

★ 第三十五周

胎儿现在重2 300克左右，坐高约为30厘米。此时胎儿身体已经转为头位，即头朝下的姿势，头部已经进入盆骨。这个时候应该时刻的关注胎儿的位置，胎位是否正常，直接关系到你是否能够正常的分娩，孕妈妈也不必过于紧张，不要因为过于关注而影响了自己的休息和食欲。

★ 第三十六周

胎儿此时肺脏和胃肠的功能也都已经很发达了，已经具备了呼吸的能力，并有啼哭、吮吸和吞奶的能力。如宝宝可在宫内吞咽羊水，又能将消化道分泌物及尿排泄在羊水里。子宫壁和腹壁已经变得很薄了，使更多的光亮能透射进子宫，胎儿逐步建立起了自己每日的活动周期。胎儿若在这个时期出生，已经基本具备了生存的能力了。

进入怀孕最后一个月，孕妈妈会发现胎动次数明显减少。之后几周，胎儿会继续成长，但此时部分羊水会被孕妈妈吸收到体内，所以，虽然胎儿继续成长，但包围胎儿的羊水却在减少，这使得胎儿的活动空间也随之变小，因此，胎动不如之前活跃。

随着分娩的临近，孕妈妈的腹部也会出现明显变化。肚脐到子宫顶部的距离缩短，会有腹部下坠感，这是胎儿头部进入产道时引发的现象。随着胎儿下降，上腹部会出现多余空间，孕妈妈的呼吸终于变得顺畅，但是骨盆及膀胱的压迫感会加重。腹部下坠感因人而异，有些孕妈妈在分娩前几周就有感觉，有些孕妈妈则在阵痛开始后胎儿向产道移动时才有感觉。

02. 本月孕妈妈特别关注

戒除盲目备物心理

孕妈妈临产前就应该为宝宝准备东西，但不要盲目备物。有的孕妈妈甚至连孩子出生后，几岁用的东西都准备出来，今天想起来买这个，明天又赶紧去买那个，弄得整日忙个不停。

想着要多一个人了，孕妈妈希望在房间中安排一个舒适的位置，将房间换成新的样式，新的格调，难免要移动一些大件物品。整天想这想那的，甚至在睡觉的时候都睡不踏实，得不到很好休息。其实大可不必这样做，为新生儿做点必要的准备是应该的，好多事情完全可由丈夫或他人代劳，而且到时候，亲朋好友也会为孩子赠送一些必需品。所以，用不着在这方面太劳神。

忌食油条

油条在制作过程中所使用的明矾是一种含铝的无机物，铝可以通过胎盘侵入胎儿的大脑，影响胎儿智力的发育。因此，孕妈妈在孕期应避免食用此类食品。

慎食甜味剂

食用包括糖、黑砂糖、糖蜜、糖浆、阿斯巴甜等糖分含量高食品，最易促胖，而且，大量糖分的摄入还会影响孕妈妈牙齿的健康。需要调味的话可使用少量天然白糖。

忌食咸鸭蛋

味美可口的咸鸭蛋，是造成孕妇水肿的罪魁祸首之一。一只咸鸭蛋所含的盐量已超过孕妇一天的需要量，加之除咸蛋外，孕妇每天还要食用含盐食物，这样便使盐分的摄入量远远超过机体的需要量。这样必然会导致孕妇大量的饮水，水、盐积聚在体内超过肾脏排泄的能力，从而导致孕妇高度水肿。

吃好孕期三顿饭

03. 本月推荐营养菜谱

荸荠木耳煲猪肚

材料： 荸荠 8 个，木耳 100 克，腐竹 60 克，猪肚 1/2 个，鲜白果 40 克，大枣 15 克，姜 3 克，鸡精、盐、胡椒粉各适量。

做法：
① 荸荠去皮；木耳洗净切大块；腐竹用温水浸软，切成长 8 厘米长的段，备用。
② 将猪肚用粗盐反复搓擦，冲洗干净，放入开水中煮 5 分钟，取出切大块，备用。
③ 将所有材料及适量水放入锅内煲滚，再用小火煲 2 小时，加入调料即可。

冬瓜羊肉汤

材料： 冬瓜 250 克，羊肉 200 克，香菜 25 克，香油、盐、胡椒粉、鸡精各适量。

做法：
① 将羊肉切成小块；冬瓜去皮、瓤洗净切成块，一同下开水焯烫透，捞出沥净水分；香菜择洗净，切末备用。
② 汤锅上火烧开，下入羊肉、葱、姜、盐，炖至八成熟时，再放入冬瓜，将葱、姜块拣出不要，加鸡精，撒胡椒粉、香菜末，淋香油，出锅装盘即可。

莲藕排骨汤

材料：莲藕100克，排骨肉300克，盐、鸡精各适量。

做法：

① 排骨切块洗净，放入开水中汆烫，捞出。

② 莲藕去皮，切成0.5厘米厚片。

③ 排骨、莲藕放入锅中加入半锅冷水，中火煮开，改小火慢熬1～1.5小时，熬煮至排骨肉熟烂，加入盐调匀即可盛出。

胡萝卜牛腩饭

材料：胡萝卜、南瓜各60克，米饭100克，牛腩100克，盐、高汤各适量。

做法：

① 将牛腩洗净，切块，焯水；胡萝卜洗净，切块；南瓜洗净，去皮，切块。

② 倒入高汤，加入牛腩，烧至八分熟时，下胡萝卜块和南瓜块，调味，至南瓜和胡萝卜酥烂，浇在米饭上即可。

陈皮海带粥

材料：海带、大米各100克，陈皮10克，白糖适量。

做法：

① 将海带用温水浸软，换水漂洗干净，切成碎末；陈皮用水洗净。

② 锅将大米淘洗干净，放入锅内，加水适量，置于火上，煮沸后加入陈皮、海带，不时地搅动，用小火煮至成粥，加白糖调味即可，炒熟后出锅即可。

豆腐皮粥

材料：豆腐皮 50 克，大米 100 克，冰糖适量。

做法：

① 将豆腐皮放入水中漂洗干净，切成丝。

② 把将大米淘洗干净，放入锅内，加水适量，先用大火煮沸后，再改用小火煮至粥样，加入豆腐皮、冰糖，继续小火煮至成粥。

凉拌茄子

材料：茄子 400 克，大蒜 20 克，葱 2 根，醋、酱油、白糖、淀粉各适量。

做法：

① 葱洗净、大蒜去皮，均切末。茄子洗净，切 3～4 厘米长段。

② 茄子放入开水中，大火煮软，捞起，沥干水分，平铺于盘中待凉。

③ 锅中倒入 1 小匙油烧热，爆香葱、姜末，加入醋和 1 大匙水，中火煮滚，再加入淀粉勾芡，盛起淋在茄子上即可。

清汤鳗鱼丸

材料：土豆 260 克，鱿鱼干 2 条，猪瘦肉末 250 克，鳗鱼肉 300 克，调料包 1 个（内装砂仁 5 克、陈皮 8 克），绍菜、鸡蛋清、清汤、豌豆苗、料酒、盐、鸡精、香油、葱、姜各适量。

做法：

① 鲜锅内放入清汤下入鱿鱼干调料包、葱、姜用大火烧开，改用小火煎煮 30 分钟，捞出调料包。

② 鳗鱼肉从中间片开，剔去鱼骨、鱼刺、鱼皮，剁成末，放入容器内，加入猪肉末、蛋清、料酒、葱姜汁、盐搅匀。

③ 将鱼肉末制成均匀的丸子，下入汤锅内氽熟，加入豌豆苗、余下的盐、鸡精略烧，出锅盛入汤碗内，淋入香油即可。

鸡肉粥

材料： 大米 50 克，生鸡 100 克，香油、生姜、盐、酱油、葱各适量。

做法：
① 将鸡洗干净，放入开水中略焯一下。将鸡下锅，用中火煮 40 分钟，捞出，放入凉开水中，再捞出控干水，抹上香油。
② 将大米淘洗干净倒入锅内，加原汁鸡汤及调味料，用大火煮沸，再改用小火煮至粥稠，便成鸡肉粥。

银芽鸡丝

材料： 鸡胸肉、芹菜、胡萝卜各 60 克，绿豆芽适量，白糖、盐、黑胡椒粉、香麻油各 1 小匙。

做法：
① 芹菜洗净，切长段；绿豆芽洗净，去除根部，同放入开水中氽烫捞起，冷开水冲凉。
② 鸡胸肉洗净，放入锅中煮开，焖 10 分钟，冲冷水，待凉，用手撕成细丝备用。胡萝卜去皮、切细丝，加白糖、盐等腌至微软，水冲净，放入盘中加入烫好的鸡丝和芹菜、绿豆芽混合搅拌，加入香麻油即可。

糖醋参鱿片

材料： 香菇 40 克，红辣椒 10 克，海参、鱿鱼各 150 克，胡萝卜、蒜苗、葱、姜、酱油、米酒、醋、淀粉、黑胡椒粉各适量。

做法：
① 海参洗净，去肠泥，切块，放入开水氽烫；香菇泡软、去蒂，切成块；鱿鱼洗净、切片，放入碗中加酱油及海参腌约 1 小时。
② 爆香调料，放入腌好的海参、鱿鱼、香菇大火快炒，加入蒜苗及胡萝卜片续炒，再以淀粉勾芡，撒上黑胡椒粉即可盛出；加入蒜苗及胡萝卜片续炒，再以淀粉勾芡，撒上黑胡椒粉即可盛出。

04. 优育提纲

孕妈妈应该这样做

1 孕9月开始是胎儿骨骼发育的重要时期，因此孕妈妈要加强营养，多吃动物性蛋白，补充充足的钙、铁、磷等微量元素。

2 定期做好产前检查，如果检查显示羊水过少，应在孕37~40周前计划分娩，以降低生产的危险。

3 胎动开始减少了，孕妈妈要向医生学习如何测胎心和胎动。

4 羊水随时都有破裂的可能，所以要先了解一下早期破水的迹象。

5 乳房按摩不可少，为生产后顺利实现母乳喂养做准备。

孕妈妈不要这样做

1 孕妈妈在这几周中身体会越来越感到沉重，因此要注意小心活动，避免长期站立，避免做家务活。

2 葡萄干好吃但是也不能多吃，尤其患有妊娠糖尿病的孕妈妈千万不能吃葡萄干。

3 大枣也不能吃得太多，否则很容易使孕妈妈胀气，可以做成红枣粥。

4 核桃中的脂肪含量非常高，吃得过多必然会因热量摄入过多造成身体发胖，进而影响孕妈妈正常的血糖、血脂和血压。

5 孕晚期便秘情况再严重也绝对禁用泻药。

05. 保健护理

健康护理

孕妈妈进入了最后的考验阶段了。现在，你可能会感到行动特别不便，腹部越来越膨隆，行动变得迟缓。这是你和宝宝面临的最后一关。在入院分娩前，准爸爸孕妈妈要了解关于分娩的必要知识，了解临产的征兆，分娩的过程，做到知己知彼，才能百战不殆。顺利度过这一关，你就可以和亲爱的宝宝见面了。

★当心胎儿提前来报到

每个孕妈妈都希望自己的小宝宝在焦急的等待之后，按时来到这个世界。但是，有的小宝宝尚未足月，就提前来报到了。睡眠不好、劳累、食欲旺盛，平常人倒没事，孕妈妈可就麻烦了，对于快要临产的孕妈妈来说要格外小心，可别让宝宝"提前报到"。

早产是指孕妈妈在妊娠 28 ～ 37 周分娩。这时的宝宝还未发育成熟，皮肤红嫩红嫩的，皮下脂肪少，各个脏器功能都不完善，呼吸也不规则，四肢肌肉疲软无力，体重也轻，因而生命力很弱，必须进行特殊照料。护理上稍有不当，便容易使孕妈妈多少个日夜"苦心经营"的"爱果"出现包括肺部感染在内的各种危及生命的症状，且这些高危因素还极易导致脑损

伤。因此，预防早产极为重要。约 30% 的早产无明显原因，常见诱因有：

孕妈妈方面

1	并发子宫畸形（如双角子宫、纵隔子宫）、子宫颈松弛、子宫肌瘤
2	并发急性或慢性疾病，如病毒性肝炎、急性肾炎或肾盂肾炎、急性阑尾炎、病毒性肺炎、高热、风疹等急性疾病；心脏病、糖尿病、严重贫血、甲状腺功能亢进、高血压病、无症状菌尿等慢性疾病
3	并发妊娠高血压综合征
4	吸烟、吸毒、酒精中毒、重度营养不良

胎儿胎盘方面

1	前置胎盘和胎盘早期剥离
2	羊水过多或过少、多胎妊娠
3	胎儿畸形、胎死宫内、胎位异常
4	胎膜早破、绒毛膜羊膜炎

老一辈的人经常会告诫孕妈妈，要避免劳累、不要搬重物、避免搬家，尤其切忌在家中乱钉东西或移动床头，以免动了胎气造成流产或早产。这些说法虽然看来有点迷信，但却也不失科学的基础。对于某些容易早产的孕妈妈而言，在家爬上爬下、钉东西或搬重物，不仅容易不小心跌倒，对自己造成危险，更容易造成子宫收缩引起早产。

要预防早产，孕妈妈要心情愉快轻松，饮食要清淡，不油腻，避免高糖食品，在选择水果时应尽量选择含糖量低的水果，千万不要无限量吃西瓜等高糖分水果；选择宽松的孕妈妈装、每天洗澡，洗澡水的温度不要太高，洗澡时间也不要太长；少吃生冷食物及刚从冰箱里取出来的食物。

★前置胎盘

前置胎盘是妊娠晚期出血的主要原因之一，为妊娠期的严重并发症。

胎盘的正常位置附着于子宫体部，如果附着于子宫下段或覆盖于子宫颈内口，位置低于胎儿先露部，称为前置胎盘。前置胎盘是引起妊娠晚期出血的主要原因之一，威胁着母儿生命安全。多见于高龄或经产妇，尤其是多产妇，发病率为 1：55～1：200 之间，是产科的严重并发症。

引起前置胎盘的原因	
子宫内膜不健全	产褥感染、多产、上环、多次刮宫、剖宫产等手术，易引起子宫内膜炎、子宫内膜缺损、血液供应不足，为了摄取足够营养，胎盘代偿性扩大面积，伸展到子宫下段
孕卵发育迟缓	在到达宫腔时滋养层尚未发育到能着床阶段，继续下移植入子宫下段
胎盘面积过大	如多数妊娠胎盘常伸展到子宫下段

第十章
怀孕第九个月

按胎盘边缘与子宫颈口的关系
分为3种类型

完全性前置胎盘	胎盘完全覆盖子宫颈内口，又称中央性前置胎盘
部分性前置胎盘	胎盘部分覆盖子宫颈内口
边缘性前置胎盘	胎盘附着于子宫下段，下缘达宫颈内口边缘，又称低置性前置胎盘

★ 胎盘早期剥离不可不防

常位置的胎盘在娩出前，部分或全部从子宫壁剥离，称为胎盘早期剥离，简称胎盘早剥。

胎盘早剥

妊娠 20 周后，正常位置的胎盘在胎儿娩出前部分或全部从子宫壁剥离，就是胎盘早剥。

胎盘早剥往往发病急、进展快，对母儿有生命威胁，是妊娠晚期的一种严重并发症。多见于经产妇，发病率为 1：47 ～ 1：217。多数于 28 周以后发病，约 50% 发生于临产之前。

尽早治疗胎盘早剥

如果胎盘早期剥离大量失血、休克、初产妇、子宫颈末开、没有阵痛的现象，延误诊断及治疗都使愈后不好。产妇的死亡率介于 0.5% ～ 5%，多因为血液凝结病变或因出血而使心脏或肾脏功能衰竭。

在严重的剥离案例，胎儿甚至有高达 50% ～ 80% 的死亡率，15% 胎死腹中，另外约 50% 很早就出现窘迫的情形。如果妈妈需要紧急输血，则胎儿死亡率至少 50%。活产的胎儿也因产前缺氧、早产的后遗症而有较高的罹病率。

吃好孕期三顿饭

胎盘早剥后的主要症状

血胎盘早剥后的主要症状为腹痛和阴道流血。胎盘剥离面小，出血很少，可无症状或仅有轻度的腹痛。胎盘剥离面越大，出血量就越多。大量隐性出血（即血液积聚在胎盘和子宫壁之间，不从阴道流出）常有突发性剧烈腹痛，子宫增大紧张，胎儿大多数死亡。出血多时病人出现冷汗、面色苍白、脉搏细弱、血压下降等休克症状。那些剥离面小，出血少，明显症状的胎盘早剥，应仔细严密地进行观察，多数还是能够自然分娩。可是如果已经出现胎儿窘迫情形或是临床症状明显恶化，胎儿却无法即时娩出，或是在子宫收缩时有无法控制的出血、隐藏型出血使子宫急速胀大、痉挛的子宫因出血而瘫软等状况时，无论胎儿是否存活，都必须马上分娩，因此剖宫生产是必要的。分娩时建议避免使用半身麻醉，以防止明显出血时半身麻醉所引起的深度持续性低血压。

胎盘早剥的发病机理

到现在为止胎盘早剥还没有确切的发病原因，可能与血管病变、内外创伤、子宫腔内压力骤减或子宫静脉压突然升高等因素有关。常见病因为血管病变，如妊娠高血压综合征、高血压、慢性肾炎以及外伤、宫腔压力突然下降、子宫静脉血回流受阻（如长期仰卧位）等。

其主要病理变化是底蜕膜层出血，形成血肿，使胎盘自附着处剥离。胎盘后血肿，可以渗入子宫肌层，使肌纤维分离、断裂、变性，而致子宫失去收缩力。血液浸润深达子宫浆膜层时，子宫表面出现紫色淤斑，尤其胎盘附着处更为明显，称为子宫胎盘卒中。有时出血穿破羊膜溢入羊水中，形成血性羊水。

第十章
怀孕第九个月

由于腹部压力增加，导致直肠下端黏膜及肛周皮肤的静脉血管扩张、血液淤积、弯曲隆起而形成的静脉团。怀孕期的孕妈妈，为了保证胎儿的营养供应，盆腔内动脉血流量增多，随着胎儿在子宫内的不断发育、成长，子宫日益增大，在压迫盆腔的同时，也压迫了直肠静脉血管，造成了血液循环受阻，进而引起淤血或血栓，形成痔疮。还有，女性怀孕后，很容易感到疲劳，活动量大大减少，特别是累了就在沙发上一坐不起，沙发质地软，坐下后，孕妈妈的身体淤血程度加重，血液回流困难，更容易诱发或加重痔疮。

★ 减少痔疮带来的痛苦

怀孕以后，胎儿不断生长，子宫也日益膨大，以致直接压迫下腔静脉，影响血液的正常回流。再加上腹压增高，血管内的压力也随之增高，最后导致痔静脉丛的扩张而形成或加重痔疮。

俗话说"十人九痔"，许多身怀六甲的孕妈妈以前没有痔疮，怀孕后却被麻烦的痔疮缠上了；也有的原来有痔疮，怀孕后加重了，有99%的孕妈妈要面对妊娠痔疮。

避免痔疮形成的方法

1 首先要养成良好的饮食习惯，在此基础上，可以每天早晚进行1次提肛运动，每次30下，有助于肛周组织的血液循环，可避免痔疮的发生

2 要保持肛周的清洁，每晚进行局部洗浴，可以避免肛周皮肤褶皱区滋长细菌而发生感染，同时做到生活规律，养成良好的排便习惯，不崇尚"厕所文化"，如厕时不读书看报

3 少量多次地饮水，多吃水果和新鲜的蔬菜，尤其是富含粗纤维的蔬菜、水果。辣椒、胡椒、生姜、大蒜、大葱等刺激性食物尽量少吃。孕妈妈别老坐着，应适当运动，以促进肛门直肠部位的血液回流。三餐饮食正常，特别是早餐一定要吃，避免空腹，并多吃含纤维素多的食物，比如糙米、麦芽、全麦面包、牛奶

4 多活动可增强胃肠蠕动，另外，睡眠充足、心情愉快、精神压力得到缓解等都是减轻便秘的好方法

第十章
怀孕第九个月

怀孕前已有痔疮的孕妈妈不用怕

如果孕妈妈在孕前已经出现了痔疮，一定不要让症状再进一步扩大。

1	合理饮食，不要暴饮暴食，以免造成直肠的压力过重，可以少量多餐，避免吃辛辣及酸性等刺激性食物，不要吃过精过细的食物，因为精粮会造成便中的残渣过少及便质发黏，从而导致便秘
2	一旦有便意的时候，就尽快去厕所排便。因为粪便在体内积存久了，不但造成排便不易，也会影响食欲。建议有便秘问题的孕妈妈每天多喝凉开水或牛奶刺激大肠蠕动，或是早晨起床后马上喝一杯凉开水或牛奶，这都是帮助排便的好方法
3	注意局部清洁。坚持进行局部洗浴，并按摩肛周组织3～4分钟，以加快血液循环
4	孕期避免坐沙发，并避免在电脑前久坐不起
5	练习肛门收缩，每天有意识地进行3～5次提肛，可以加强肛周组织的收缩力，有效改善淤血状况

怀孕的过程是非常辛苦的，常常会伴有许多不适，孕妈妈要掌握正确的方法来避免或减轻这些不适，顺利度过妊娠期。

孕妈妈谨慎对待痔疮

当痔核暴露在外面收不回去的时候，就会非常疼痛，连坐下来都很困难。这时候，求助专家是个好方法。不过，对于很大一部分孕妈妈来说，孕期的痔疮有时候是暂时性的，等分娩过后就会自然消失了。只要不是太严重，都不用过于紧张。

孕妈妈一旦生了痔疮，特别是在怀孕后期，治疗要十分谨慎。除急性血栓外痔需手术外，一般等到分娩后3个月，再考虑采用手术治疗。此前以保守治疗为主。由于产妇在产后要排恶露，可以先采用温水坐浴，进行提肛运动，局部按摩来治疗，还可以选用外用痔疮药进行治疗。但是对于恼人的痔疮，还是重在预防。

胎教保健

现在，胎儿在子宫里生存了9个月。今天早上，他睁开眼睛，打着哈欠，用劲踢了几下，用小手去抓脐带，把手伸到嘴里，吮自己的大拇指，听母亲的心跳和肠鸣音，他已经是个真正意义上的小人儿了。这个时候的孕妈妈不妨把自己打扮得漂漂亮亮的，对于胎儿来说也是一次重要的美育胎教。

★ 抚摩胎教

法国心理学家农贝尔钠·蒂斯认为：父母都可以通过抚摩的动作配合声音与子宫中的胎儿沟通信息，这样做可以使胎儿有一种安全感，使胎儿倍加感到舒服和愉快。

此时，孕妈妈或丈夫用手在孕妇腹壁轻轻地抚摩胎儿，可引起胎儿触觉上的刺激，促进胎儿感觉神经及大脑的发育。抚摩从胎儿头部开始，然后沿背部到臀部至肢体，轻柔有序。如果胎儿对抚摩的刺激不高兴，就会用力挣脱或者用蹬腿来反应，这时，父母应该停止抚摩。如果胎儿受到抚摩后，过了一会儿才以轻轻的蠕动做出反应，这种情况可继续抚摩。抚摩可与数胎动及语言胎教结合进行，这样会收到更好的效果。

第十章
怀孕第九个月

★ 情绪胎教

怀孕到临产的时刻，孕妈妈的心情越复杂。孕妈妈一方面会为宝宝即将出世感到兴奋和愉快，另一方面又对分娩怀有紧张的心理，面对这一现实，怎样让孕妇始终保持一种平和、欢乐的心态，直接关系到胎儿的健康成长。宝宝作为一个成熟的个体，母亲必须行使"支持功能"，保护孩子免受过分的外部和内部的压力。新生儿散发出起始的幼稚情感，如高兴或不高兴，只有在得到母亲的接受后，其情感才能发展。

分娩前的心理准备远远胜过了学习各种知识及练习，许多准父母没有意识到他们面对的问题，因此，一旦面对这些问题时会表现得很无助。但是在医生的指导下，做过妊娠和分娩相关的心理准备后，他们便得到了更大范围的心理保护。

专家提醒

妊娠的第九个月，胎儿已经基本发育成熟，此时早产的婴儿，只要精心呵护，仍可健康成长。此时的孕妇由于增大的子宫，使行动很不方便，所以要保证足够的休息时间，但也要进行适当的运动，为顺利分娩做好准备。

吃好孕期三顿饭

运动保健

随着临产期的日益临近，孕妈妈的运动次数和强度都应该有所下降，但适量的运动还是有必要的。

★ 后期慢做健身操

怀孕后期，也就是8～10个月，孕妈妈体重进一步增加，身体负担很重，这时候运动一定要注意安全。不要在闷热的天气里做运动，每次运动时间最好别超过15分钟。运动要突出个"慢"字，以稍慢的散步为主，过快或时间过长都不好，以3千米／小时为宜，时间上以孕妈妈是否感觉疲劳为准。

这个时期在早上和傍晚，做一些慢动作的健身体操是很好的运动方法，千万不要超负荷运动，尽量放慢自己的动作。

适度运动助分娩

怀孕期间，孕妈妈会发生很多身体上的变化，有规律地运动，不仅能使孕妈妈很快适应这些变化，而且可以帮助身体为艰难的分娩过程做好准备。运动强健肌肉、增强耐力、增加血液循环，帮助孕妈妈应付身体承受的额外负担，使身体逐渐适应妊娠和分娩的需要。适当的产前运动，有助孕妈妈松弛肌肉，减轻生产时的痛楚，使得生产过程更加顺利。

体育运动的益处

体育运动能够增强人的心脏功能，保证供给胎儿充足氧气，有利胎儿发育，减缓怀孕期间出现的腰痛、脚痛、下肢水肿、心跳气短、呼吸困难等症状。进行体育运动时，能使全身的肌肉血液循环得到改善，肌肉组织的营养增加，使肌肉储备较大的力量，增强的腹肌能防止因腹壁松弛造成的胎位不正和难产。有力量的腹肌、腰背肌和骨盆肌有利于自然分娩。

★ 孕期运动及注意事项

1	活动前多喝水
2	活动时衣着要宽松舒适，要穿运动鞋、戴胸罩
3	运动前先做准备活动，尽量使全身关节和肌肉活动开
4	每周至少活动3次。有氧运动每次不应超过20分钟
5	闷热天、酷暑天要严格控制运动量
6	加强阴道肌力量的锻炼。可通过意念想象进行排尿和停止排尿的控制训练，这有助于预防孕期小便失禁

★ 伸展颈部运动

◀直立站姿准备，轻柔地倾斜头部向右一侧，使右耳朵舒适地放在右肩之上。

▶换方向练左侧。

◀向前倾斜头部。

▶向后倾斜头部。

第十一章
怀孕
第十个月

第十一章
怀孕第十个月

01.发育特征

母体变化

★ 第三十七周

这个时期孕妈妈一定要坚持每周一次的产前检查，以便发现异常尽早处理。

在每次产前检查时都要检查宝宝的大小和位置。从现在起，很可能会经历"演练性收缩"，也叫布拉克斯顿·希克斯收缩，这时子宫收缩变硬，持续大约 30 秒钟后再松弛下来。这种收缩感觉不到疼痛。

当胎儿的成长发育顺利时，根据孕妈妈的体力、体重增加量、骨盆的大小、羊水量，可以预测自然分娩的可能性。当然，很多孕妈妈在非常困难的情况下，也能成功地自然分娩；而在正常情况下，因突发事件自然分娩往往会失败。

但是，大部分孕妈妈可以通过自己的毅力和努力，成功地完成自然分娩。只要怀孕状态良好，孕妈妈要下决心进行自然分娩，最好事先认真学习自然分娩的知识。

★ 第三十八周

产前检查包括以前每次所进行的常规检查。

在怀孕晚期，分娩来临的焦虑、睡眠不足产生的疲劳和结束怀孕的渴望等多种情绪混杂到一起，使一些孕妇陷入抑郁。如果有这种感觉，要将感受尽快告诉医生，尽量暂时停止工作。

此时宝宝在妈妈腹中的位置在不断下降，孕妈妈们会觉得下腹坠胀，不规则的宫缩频率会增加。阴道分泌物也更多了，此时一定要注意卫生。

★ 第三十九周

由于子宫占据了骨盆和腹部的大部分空间，孕妇会感到非常不舒服。

产前检查时探讨所有疑虑。

闻到某些食物的气味，马上感到恶心甚至呕吐，孕妈妈应该努力找到适合自己的改善恶心的办法。

心率增快，新陈代谢率增高了 25%。

★ 第四十周

本周该分娩了，但只有约 5% 的宝宝在预产期（EDD）出生。多半产妇在预产期前后两周内分娩。胎儿通常会在第三十三到第三十六周时到达分娩时的位置。在每次产前检查时，医生都会检查宝宝的胎位。

吃好孕期三顿饭

胎儿变化

★ 第三十七周

到本周末，宝宝就足月了。宝宝现在的姿势很可能是头冲下的，这是顺产理想姿势，但是如果等到下周，宝宝还没有把头转下来，有些医生可能会建议做胎位外倒转术。即在 B 超监测下，在孕妇腹部外面通过手法推动胎儿，来改变胎儿的体位。

★ 第三十八周

这周，胎儿身上覆盖着的一层细细的绒毛和大部分白色的胎脂逐渐脱落，皮肤皱纹逐渐消失。这些分泌物会被胎儿随着羊水一起吞进肚子里，在肠道中，渐渐变成黑色的胎便，在胎儿出生后排出体外。

★ 第三十九周

胎儿现在可能重 3200 ～ 3400 克，长 49 ～ 51 厘米。此时的宝宝作为一个人已经可以在体外独立生活了。

胎儿的头部，也已经进入了母体的骨盆之中，身体的位置稍微有些下降，胎动的次数也明显增多了。

出生前一周内，胎儿的副肾大量分泌出叫做皮质醇的激素。这种激素有助于胎儿出生后顺利完成第一次呼吸。另外，心脏和肝脏、消化器官、泌尿器官完全形成，等待分娩。

★ 第四十周

多数的胎儿都将在这一周诞生，但真正能准确地在预产期出生的婴儿只有 5%，提前两周或推迟两周都是正常的。但如果推迟两周后还没有临产迹象，那就需要采取催产等措施尽快生下胎儿，否则胎儿过熟会有危险。

第一次分娩的孕妇中大约有 10% 过了预产期还不见分娩迹象。怀孕时间在 42 周以上的胎儿被称为过熟儿，此时由于胎盘不能提供胎儿成长所需的营养元素和氧气，胎儿可能会有危险。

一般超过孕产期而不进行分娩，孕妈妈会感到非常焦躁。如果羊水量适当、胎盘的老化程度不严重、胎动检查结果也很正常，那么胎儿延迟 1 周出生问题也不大。但在怀孕第 41 周过去了还无分娩的情况下，必须对孕妈妈进行诱导分娩。同时，如果胎儿的状态不佳或者孕妈妈的骨盆过窄，更应当立即实施剖宫产手术。

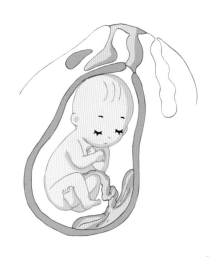

第十一章
怀孕第十个月

02.本月孕妈妈 特别关注

孕妇不要吃螃蟹

螃蟹由于味道鲜美，而且营养丰富，因此常常是主人宴请宾朋的上品菜肴。但螃蟹本身具有极强的药性，具有活血化瘀之功效，孕妇食用往往会引起流产，因此孕期女性是禁止食用螃蟹的。无论是海蟹还是河蟹，对于孕妈妈的身体都非常不利，即便是很想吃螃蟹，但为了腹中胎儿的健康和生命安全，还是控制一下自己吧。

孕妇吃鸡蛋要适量

鸡蛋中的各种营养物质含量都非常丰富，特别是提供的蛋白质能够有效为人体所吸收，并且还能够增强人体免疫力，促进胎儿神经系统的发育。不过蛋黄中的胆固醇往往含量比较高，孕妇过多食用容易导致营养过剩，造成身体肥胖以及巨大儿的产生。普通人一般每天早上吃一个鸡蛋就足够维持一天的营养需要了，孕妇由于身体的特殊情况，可以酌情增加到两个，但绝不能再多了。此外在菜品加工方法上也最好采取蒸或者煮的方式，不宜过熟过生，尽量不要煎炸，这样既可以避免营养物质被烹调时的高温破坏掉，又能有效防止致癌物质的产生。

不要多吃动物肝脏

动物的肝脏中常常有大量的维生素 A，但孕妇常吃动物肝脏往往会由于营养物质补充过剩导致维生素 A 中毒，这对孩子的智力发育影响极大，还会导致身体器官畸形，并且动物肝脏中由于胆固醇过高，同样会引起孕期高血压或者糖尿病。因此孕妈妈最好不宜常吃动物肝脏。

孕妇不要吃田鸡

田鸡也就是我们常说的青蛙，它的肉质鲜嫩且不油腻，干锅田鸡或者油炸田鸡都非常的好吃。不过由于青蛙在生存过程中捕食了大量的害虫，而这些虫子本身都带有农药的残留，同时青蛙的生活环境也多是寄生虫喜欢繁衍生息的环境，所以孕妇吃田鸡，一旦被有害物质或者细菌感染，就很有可能生出畸形胎儿。为了孩子的安全起见，女性在怀孕期间最好不要吃田鸡。

吃好孕期三顿饭

03. 本月推荐营养菜谱

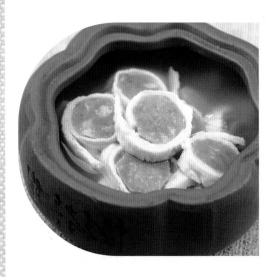

发菜鸡茸蛋汤

材料： 水发发菜 80 克，鸡蛋煎片 100 克，鸡肉茸 150 克，葱姜汁、高汤、料酒、盐、鸡精、香油各适量。

做法：

① 鸡肉茸内加入葱姜汁、料酒、盐，向同一方向充分搅匀，均匀地抹在鸡蛋煎片上，上面铺上发菜，卷成卷。

② 将腌制好的发菜鸡茸蛋卷放入容器内，入蒸锅蒸至熟透取出备用。

③ 将蒸好的鸡茸蛋卷横切成片，放入汤碗内；锅内加入葱姜汁、高汤、余下的料酒、盐烧开，加鸡精，出锅倒入蛋卷碗内，淋入香油即可。

木瓜花生排骨汤

材料： 排骨 180 克，花生 120 克，木瓜 1 个。

做法：

① 木瓜去皮、核，切块；排骨洗净，切块；花生用热水浸泡，洗净去皮。

② 烧热油锅，下入排骨爆香盛出。

③ 锅内烧开适量水，把全部用料放入锅内，煲至各料烂熟，调味即可。

空心菜粥

材料：空心菜 200 克，大米 100 克，盐、水各适量。
做法：
① 将空心菜择洗干净，切细；大米淘洗干净备用。
② 锅置火上，放适量水、大米，煮至粥将成时，加入空心菜、盐，继续小火煮至成粥。

牛奶土豆蛤蜊汤

材料：土豆 200 克，牛奶 800 毫升，蛤蜊 100 克，洋葱、火腿、豌豆、玉米粒各适量。
做法：
① 土豆、洋葱、火腿切丁；蛤蜊吐沙洗净，烧开水，放土豆丁、玉米粒。待土豆丁半软后放入其他食材。
② 煮 5 分钟后加入牛奶，出锅前加盐调味。

牛肉粥

材料：牛肉 60 克，大米 150 克，葱段、姜块、盐各适量。
做法：
① 将大米淘洗干净；牛肉洗净剁成肉末，备用。
② 把锅放在火上，倒入开水烧沸，放入葱段、姜块、牛肉末，煮沸后捞出葱、姜，撇去浮沫，倒入大米，煮成粥，用盐调味。

丝瓜仁鲢鱼汤

材料：丝瓜仁 50 克，鲜鲢鱼 500 克，酱油适量。
做法：
① 葱把丝瓜仁切成丁或条状备用。把鲢鱼洗净，取鱼身部分备用。
② 把丝瓜仁和鲜鲢鱼放在一起，共同熬汤，熟后吃鱼喝汤。
③ 吃时可放些酱油，不放盐，一次吃完。

三丝汤

材料：生肉丝、生笋丝各 25 克，熟鸡丝、冬菇丝各 15 克，熟火腿丝 10 克，白汤 500 毫升，黄酒 15 克，盐 5 克，鸡精 2 克。
做法：
① 将肉丝放入碗中，加入冷水搅散，浸出血水后备用。
② 炒锅置大火上，加入白汤，倒入血水和肉丝后，放入笋丝、冬菇丝烧至将滚，用漏勺把浮上来的丝捞起，倒入冷水少许，待浮沫升至汤面，即撇净，然后加入黄酒、盐、鸡精略滚。
③ 把捞出的肉丝、笋丝、冬菇丝装入碗中，然后把汤浇在上面，撒上火腿即成。

番茄鸡片

材料：鸡脯肉 150 克，番茄酱、荸荠各 50 克，蛋清 1 个，湿淀粉、盐、鸡精、白糖、熟猪油、醋各适量。
做法：
① 将鸡脯肉切薄片，放入碗内，加入盐、蛋清、湿淀粉腌渍；荸荠去皮，切薄片。
② 洋油少许，放入鸡片、荸荠片、水、盐、白糖、番茄酱、醋，大火翻炒，用湿淀粉勾芡，放入鸡片、鸡精即成。

五香鲤鱼

材料：鲤鱼中段 500 克，盐、酱油、料酒、白糖、生姜、葱白、八角、桂皮、五香粉、植物油各适量。

做法：
① 将鲤鱼用刀批成约 1 厘米厚的鱼块摆放于盘内，放入盐、料酒、酱油，拌匀，腌渍 30 分钟。
② 锅内油烧至六成热时将鱼块逐个丢入锅内油炸，炸至棕黄色起壳用漏勺捞出。
③ 锅内留少许油，放入葱段、生姜片、八角、桂皮，略煎出香味时即倒入已炸好的鱼块，加水漫过鱼面，再加酱油、白糖、料酒，大火煮沸后改小火煮 15 分钟，再用大火收干卤汁，撒上五香粉出锅即可。

椒盐多春鱼

材料：多春鱼 300 克，青红椒丝、洋葱、胡椒粉、盐、淀粉、椒盐、糖、鸡精各适量。

做法：
① 青红椒、洋葱洗净切成丝状。将多春鱼洗净，抹干水分，用腌料腌 5 分钟。
② 把生油倒入锅中烧热，将多春鱼拌上淀粉，用中火炸至硬身，倒起滤油。
③ 利用余油，放入青红椒丝及洋葱丝爆香，再放入多春鱼及调料炒匀上碟而可。

XO酱爆菇菌

材料：鲜菇、草菇、金针菇各 85 克，甜豆适量，蒜蓉 3 克，料酒 2 克，蚝油 4 克，糖 3 克，XO 酱 20 克。

做法：
① 把甜豆、鲜菇、草菇、金针菇一起放入滚水中焯熟，过冷水捞出滤干水分。
② 将甜豆洗净滤干水；草菇洗净切"十"字花纹；鲜菇、金针菇洗净备用。
③ 将蒜蓉爆香，加入蚝油，淋入料酒，然后放入糖和 XO 酱，炒匀上碟即可。

第十一章
怀孕第十个月

04. 优育提纲

孕妈妈应该这样做

1 按摩乳房进行护理，以软化乳房，使乳头和乳晕的皮肤强韧，保持乳腺畅通，为产后顺利哺乳做准备。

2 孕妈妈隆起的腹部使胃肠容易受到压迫，可能会出现便秘或腹泻的症状，所以一定要做到少食多餐。

3 停止一切工作，精心在家休息，做好随时生产的准备。

4 放松心情，时刻注意分娩的征兆，因为胎儿随时可能会出生。

5 为了保证宝宝出生后能够喝到充足的奶水，不爱喝汤的孕妈妈也要开始喝适量的催奶汤。

孕妈妈不要这样做

1 预产期并不是宝宝出生的准确时间，只有1/4的宝宝会遵守这个约定，如期地来到家人的怀抱，但是还有1/4以上的宝宝会比预产期出生得晚，因此孕妈妈不必紧张，或者进行剖宫产手术。

2 破水后，为防止细菌感染胎儿，不要洗澡，直接去医院。每个人的情况是不一样的，在什么时间段破水，因人而异，因此不必慌张。

3 现在随时都有临产的可能，因此孕妈妈应避免一个人在外走得太远。

4 分娩时不宜吃太多的鸡蛋，因为鸡蛋不易消化吸收，会增加肠胃负担，反而不利于分娩。

05. 保健护理

健康护理

经过了漫长 10 个月的等待，当可爱的宝宝就要离开妈妈的子宫，与真正所有关爱他的人面对面的时候，年轻的孕妈妈和准爸爸们也会像刚刚得知宝宝的存在时那样紧张、兴奋，或许还会感到手足无措。

怀孕可以说是一次漫长的旅行，一路上的风风雨雨，坎坎坷坷，随着预产期的临近及宝宝的降生，这次旅行即将到达终点了，孕妈妈也终于要和宝宝见面了。

★ 禁止性生活

在 36 孕周后严禁性生活，否则易发生宫腔感染和胎膜早破。这个时候子宫已过度膨胀，宫腔内压力已较高，子宫口开始渐渐地变短，孕妈妈负担也在加重：如水肿、静脉曲张、心慌、胸闷等。此时开始，应减少运动量，以休息和散步为主。妊娠已达足月，孕妈妈时刻准备着一朝分娩的时刻的到来，这段时间可以经常散散步，或者进行一些适合于自然分娩的辅助体操。

这时候，补充足够的营养，不仅可以供给宝宝生长发育的需要，还可以满足自身子宫和乳房的增大、血容量增多以及其他内脏器官变化所需求的"额外"负担。如果营养不足，不仅所生的婴儿常常比较小，而且孕妈妈自身也容易发生贫血、骨质软化等营养不良症，这些病症会直接影响临产时的正常的子宫收缩，容易发生难产。因为此时孕妈妈胃肠受到压迫，可能会有便秘或腹泻。所以，一定要增加进餐的次数，每次少吃一些，而且应吃一些容易消化的食物。预产期越来越近，最好提前为入医院生产做一些物质准备。

★ 注意临产信号

十月怀胎，胎儿在子宫里发育成熟，就要离开母体出世了。胎儿要出世，有什么信号呢？如果孕妈妈有以下感觉产生，这就说明宝宝离出生的日子不远啦，就需要随时做好准备。孕妈妈在临产时主要有以下几大信号：

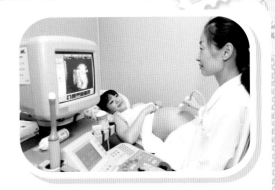

下腹坠胀

在产期来临时，孕妈妈由于胎儿先露部下降压迫盆腔膀胱、直肠等组织，常常感到下腹坠胀，小便频、腰酸等。

尿频现象出现的原因

孕妈妈在临产前1～2周，由于胎儿先露部下降进入骨盆，子宫底部降低，常感到上腹部较前舒适，呼吸较轻快，食量增多。

假阵缩

与临产后的宫缩相比有如下特点：持续时间短、间歇时间长，且不规律，宫缩强度不增加，宫缩只引起轻微胀痛且局限于下腹部，宫颈口不随其扩张。

羊水流出

在分娩前几个小时会有羊水从体内流出，这是临产的一个征兆，这时应及时去医院。

见红

在分娩前24～48小时，阴道会流出一些混有血的黏液，即见红。是由于子宫下段与子宫颈发生扩张，附近的胎膜与子宫壁发生分离，毛细血管破裂出血，与子宫颈里的黏液混合而形成带血的黏液性分泌物，为临产前的一个比较可靠的征兆。

若阴道出血量较多，超过月经量，不应认为是分娩先兆，而要想到有无妊娠晚期出血性疾病，如前置胎盘、胎盘早剥等疾病。

其他异常

如有剧烈腹痛或月经样出血时，要想到前置胎盘或胎盘早剥，应赶快去医院接受检查。

请准确记录以下几点并告诉医生：

1. 子宫收缩开始时间 __月__日__时_分，宫缩间隔时间 __分 __妙，宫缩持续时间 __分 __秒。

2. 见红时间 __时 __分，量 ____。

3. 有无破水，时间 __时 __分，羊水量 ____。

以上所述只是分娩的先兆征象，只能说明不久就要分娩，不能作为诊断临产的依据。

第十一章
怀孕第十个月

★ 自然分娩

孕妈妈含辛茹苦地熬过200多个日日夜夜，越是临近那激动人心的时刻，精神反而越紧张不安起来。你可能对分娩感到惶恐，感到不知所措，这其实很常见。

俗话说："十月怀胎，一朝分娩"，对于临产女性来说，分娩既是一种企盼，也是一种恐惧。她们必须面临着一种抉择，要么自己分娩，要么剖宫产。那么究竟哪种分娩方式好？

自然分娩身体恢复快

自然分娩是人类繁衍后代的正常生理，也是女性的一种本能。本来，身体健康、年龄适宜、正常足月妊娠的女性，其自然分娩是瓜熟蒂落，水到渠成的事。自然分娩是人类繁衍过程中的一个正常生理过程，是人类的一种本能行为。孕妈妈和胎儿都具有潜力主动参与并完成分娩过程。"瓜熟蒂落"在医学上就是指阴道自然分娩。如果孕期产前检查正常，绝大多数人是能平安顺利分娩的，产后母亲身体恢复也较快。很多的女性对阴道分娩非常惧怕，怕疼，怕自己生不下来，怕受两次罪，甚至怕自己的体形发胖等等。

产前的准备工作

这直接关系到胎儿及孕妈妈的平安。宝宝的出生不仅是对宝宝的一次历险，更是对将为人母的你的巨大的考验。毕竟对于第一次将做母亲的人来说，分娩是一件令人感到恐惧紧张的事。不必担心，母亲对宝贝爱的天性会承受住一切痛苦。

决定分娩能否顺利完成的因素，不仅存在于分娩过程中，也取决于孕期保健质量，孕妈妈在怀孕之初就要做好自然分娩的准备，孕期合理营养、及时产检、适当锻炼和做好分娩准备，会有助于孕妈妈自然分娩。

对新生儿智力有益

另外随着分娩时胎头受压，血液运行速度变慢，相应出现血液充盈，兴奋呼吸中枢，建立正常的呼吸节奏。从阴道自然分娩的婴儿经过主动参与一系列适应性转动，其皮肤及末梢神经的敏感性较强，为日后身心协调发育打下了良好的基础。据有关资料报道，通过阴道分娩的胎儿，由于大脑受到阴道挤压而对小儿今后的智力发育有好处。

"享受痛苦"的时刻

分娩时腹部的阵痛可使孕妈妈大脑中产生内啡肽，这是一种比吗啡作用更强的化学物质，可给产妇带来强烈的快感，因为分娩在展示妊娠结出的硕果的同时，也是女性在一生中不可多得的"享受痛苦"的时刻。另外产妇的垂体还会分泌一种叫催产素的激素，这种激素不但能促进产程的进展，还能促进母亲产后乳汁的分泌，甚至在促进母子感情中也起到一定的作用。

自然分娩新生儿不易患病

临产时随着子宫有节律的收缩，胎儿的胸廓受到节律性的收缩，这种节律性的变化，使胎儿的肺迅速产生一种叫做肺泡表面活性物质的磷脂，因此出生后的婴儿，其肺泡弹力足，容易扩张，很快建立自主呼吸。

在阴道自然分娩过程中，胎儿有一种类似于"获能"的过程。自然分娩的婴儿能从母体获得一种免疫球蛋白，出生后机体抵抗力增强，不易患传染性疾病。在分娩时，胎儿由于受到阴道的挤压，呼吸道里的黏液和水分都被挤压出来，因此，出生后患有"新生儿吸入性肺炎"、"新生儿湿肺"的相对减少。

第十一章
怀孕第十个月

★ 剖宫产是与非

采取什么分娩方式比较好？大部分孕妈妈们在怀孕后就开始考虑、研究、询问中，目前采取剖宫产的比率大概占到40%，正规的医院，一般会建议孕妈妈采取顺产的方法，因为顺产对新生儿是有好处的。但一些孕妈妈们为了各种原因，或是心有顾虑，而选择了剖宫产。

谨慎选择剖宫产

剖宫产则是经腹部切开子宫取出胎儿的过程，它并非是胎儿最安全的分娩方式。其实，人们对剖宫产了解得并不多，只知道它是一种帮助孕妈妈分娩的手术。随着科学技术的不断进步，麻醉技术的不断提高，这种手术的刀口越来越小，痛苦也越来越少。而现在的人们生活水平提高了，手术费用已经很少被列入考虑的范畴了，况且很多人不会再要第二个孩子了，于是越来越多的人开始主动要求进行剖宫产。

剖宫产的危害

许多孕妈妈及家属盲目要求以剖宫产结束妊娠，其理由不外乎怕分娩时间过长，产妇遭罪，以及怕分娩方式造成孩子的损伤及智力障碍。正是人们对于分娩方式的诸多误解导致了剖宫产率的居高不下。那么这些理由是否有道理呢？

剖宫产是手术分娩，一般来说，不建议健康的或没有任何医学指征的孕妈妈选择剖宫产。与正常的阴道分娩相比，剖宫产并发症多，手术期间出血量增多。剖宫产术中常可出现下面的损伤。

软组织损伤：在切开子宫时，由子宫壁过薄或医生用力过猛，致使器械划伤胎儿的先露部位。

骨折：1. 锁骨骨折。见于胎儿前肩娩出不充分时，即急于抬后肩，使前锁骨卡在子宫颈口上缘，造成骨折。

2. 股骨或肱骨骨折。股骨骨折多见于臀位，是因为术者强行牵拉下肢所致。肱骨骨折则是术者强行牵引上臂所致。

3. 颅骨骨折。多见于胎儿已进入骨盆入口较深的部位，或胎位异常，娩头时术者在胎头某一局部用力过猛。

对妈妈的伤害

由于自然分娩是一种生理现象，其创伤小、较安全，而且产后能很快恢复健康，对产后的体型恢复有益。相比之下，剖宫产手术，除了麻醉方面的风险外，还可能在术中或术后出现一些相应的并发症，其中较严重的有下列几种。

膀胱损伤：多见于腹膜外剖宫产时，分离膀胱层次时有误，或剖宫产术后再孕的时候，子宫切口瘢痕与膀胱粘连造成的损伤。

肠管损伤：如患者曾有过开腹手术或炎症造成管粘连，剖宫产时，易将肠壁误认为腹膜，造成误伤。

子宫切口裂伤漏缝而致产后大出血：剖宫产手术中常会出现切口进裂，边缘不齐，缝合时止血不完全，术后出现腹腔内出血。

这种手术无疑要影响孕妈妈的身体恢复，而且子宫将永远存留瘢痕，因此剖宫产术后，应特别注意避孕问题，万一避孕失败而做人工流产术时，会增加手术难度和危险性。若是继续妊娠，则无论在妊娠或分娩过程中，都存在子宫瘢痕破裂的可能性。

第十一章
怀孕第十个月

★ 自然分娩的三个阶段

分娩前的历程虽漫长难挨，却是必经的，如果对生产有事前认识、事先准备及心理准备，那么当分娩真正来临时，就不会因不了解而忧心忡忡，也就有足够力量去度过阵痛的难关。相信当看到期待已久的小宝贝的可爱模样时，妈妈会感到之前所有的辛苦都是值得的。分娩过程由子宫收缩开始，到子宫口开全至胎儿、胎盘娩出。按照产程进展的不同阶段，一般分为三个阶段。

第一阶段

从子宫收缩到子宫口开全，初次分娩一般需要 11～12 小时。子宫收缩每隔 2～3 分钟出现 1 次，每次持续 60～90 秒。此阶段通常是身体、精神最为紧张的阶段。助产士会随时检查子宫口扩张的情况，在子宫收缩间隙的时候，可以在房间内走走，放松一下，在子宫收缩时，可以反坐在靠背椅上，双膝分开，手臂放在椅子靠背上，将头靠在手上。多与助产护士交换意见，取得助产护士的指导。

孕妈妈应照常吃些高热能的液体或半流质食物。在我国有一良好的传统习惯，这就是产妇在临产前要吃一些红糖水加鸡蛋、鸡枣汤、桂圆汤等营养丰富、热能高的食物，这是一种很好的营养与热能的补充方法，因为产妇分娩顺利与否，除了胎儿大小，胎位如何，骨盆大小及形态的因素以外，还有一个很重要并起决定性的因素，这就是产力。

所谓产力即指子宫肌肉和腹肌的收缩力而言，子宫收缩需要一定的能量。因此，增加一定量的热能以补充体力消耗是很有必要的。对不能进食者，应给予 10% 的葡萄糖液 500～1 000 毫升静脉滴注，内加维生素 C 500 毫克。另外产妇经过一段时间熟睡，改善全身状态后，也能使体力恢复，子宫收缩力转强。如若做不到产妇临产后和产程中及时补充营养和热能，势必影响产力的正常发挥，使产妇过

于疲劳，导致产程延长，给产妇和未出世的孩子带来不利。巧克力是由奶油或牛奶、白糖、可可粉等精制而成的营养丰富、热能较高的食品。因此，产妇在临产后和产程中吃些巧克力，无疑是一种简便、易行、增强产力的方法。

第二阶段

子宫口开全，产妇有一种急欲生下孩子的感觉，这完全是一种不由自主的行为。每次子宫收缩的过程中，胎儿的头顶会从阴道口露出，子宫收缩停止，胎头即缩回，这样反复几次，胎儿的头慢慢地娩出直至胎儿身体全部娩出。这时，产妇应该停止用力，开始用力呼吸，让会阴充分扩张，以防严重撕裂。初次分娩一般不超过2小时新生儿就诞生了。

第三阶段

从胎儿娩出后到胎盘娩出。第二产程结束后，子宫会有几十分钟的休息时间，然后再度出现宫缩，这时子宫收缩的幅度明显增加，宫腔内部面积不断缩小，胎盘无法继续存在下去，随着最后的几次宫缩，胎盘最终与子宫分离、娩出。第三产程一般历时5～30分钟。

经过了前两个产程，产妇可能感觉不到这一阶段宫缩的疼痛。如果胎儿确实难以从阴道娩出，例如骨盆狭窄、胎儿过大或胎位异常、宫缩乏力及妊娠并发心脏病等的孕妈妈最好采用剖宫产的办法，这对孕妈妈的健康、胎儿的平安都十分有利。当胎盘娩出后，医生会检查胎盘、胎膜是否完整，如果有胎盘残留物遗留在子宫内，会在日后引起出血。

第十一章
怀孕第十个月

胎教保健

胎儿发育到 10 个月已经接近临产期了，母亲这时决不能因此而放松对胎儿的教育，因为胎儿发育越趋向成熟，大脑功能也越发达，胎教的效果也越好，所以母亲一定要利用好这段时间为胎儿上好最后一课。

胎儿通过感官得到这些健康的、积极的、乐观的信息，这就是胎教最好的过程。

★ 意想胎教

日渐临近的分娩使孕妈妈感到忐忑不安甚至有些紧张，这时孕妈妈可以开始意想胎教。冥想能够提高自己的自信心，并能最大限度地激发宝宝的潜能，对克服妊娠抑郁症也很有效果。摆出舒服的姿势让身体放松，然后想象最令人愉悦和安定的场景。孕妈妈沉浸在美好的想象之中，格外珍惜腹中的宝宝，以其博大的母爱关注着宝宝的变化。胎儿通过感官得到这些健康的、积极的、乐观的信息，这就是胎教最好的过程。

想象宝宝的样子

其实，从受孕开始孕妈妈就可以积极设想自己宝宝的形象，把美好的愿望具体化、形象化。仔细观察自己和准爸爸的相貌特点，进行综合，想象宝宝会有什么样的相貌，什么样的性格，什么样的气质等等，在头脑中形成一个具体的美好形象，以"我的宝宝就是这样子"的坚定信念传递给宝宝，还可以把自己的想象通过语言、动作等方式传递给腹中的宝宝，保持愉悦的心情，潜移默化地影响着他。

意想顺产法

在心里祈求平安和顺产时，坐下来，放松呼吸。坐下后腰部挺直伸展，两腿盘起双手自然轻放膝盖上然后深呼吸。将深深吸入的空气聚集到肚脐下面，然后慢慢呼出去，如此反复。听着舒缓的音乐或者沉浸在美好的回忆里进行冥想，效果会加倍。

第十一章
怀孕第十个月

运动保健

孕妈妈适当做运动是必要的，但也要根据自身的基本状况选择何种运动，同时在运动中要根据自己感觉的舒适程度及时调整。

项目	运动方法
四肢运动	站立，双手向两侧平伸，肢体与肩平，用整个上肢前后摇晃划圈，大小幅度交替进行；或用一条腿支撑全身，另一条腿尽量高抬（注意手最好能扶物支撑，以免跌倒），然后可反复几次
伸展运动	站立后，缓慢地蹲下，动作不宜过快，蹲的幅度尽本人力所能及；双腿盘坐，上肢交替上下落
腹肌活动	进行半仰卧起坐。孕妈妈平卧，屈膝，身体缓慢抬起从平卧位到半坐，然后再回复到平卧，这节运动最好视本人的体力而定
骨盆运动	孕妈妈平卧在床，屈膝，抬起臀部尽量抬高一些，然后缓缓下落

★ 运动以慢为主

怀孕后期，也就是 37～40 周，尤其是临近预产期的孕妈妈，体重增加，身体负担很重，这时候运动一定要注意安全，既要对自己分娩有利，又要对宝宝健康有帮助，还不能过于疲劳。

此时，稍慢的散步加上一些慢动作的健身体操，对于孕妈妈来说就是一种很好的运动方式。这时的运动要为分娩做准备，而且胎儿也逐步成形。

可以尝试一下伸展运动：轻轻扭动骨盆；坐在垫子上屈伸双腿；平躺下来，轻轻扭动骨盆；身体仰卧，双膝弯曲，用手抱住小腿，身体向膝盖靠等简单动作都是孕后期女性可选择的运动，这会有助于肌肉的伸展和放松，减轻诸如背痛等问题，使你感觉比较舒服。做操时间无需太长，动作要慢。

在散步的同时，孕妈妈还要加上静态的骨盆底肌肉和腹肌的锻炼，这不仅有利于分娩，还让宝宝发育更健全，更健康，增强他的活力。所以，这个时期在早上和傍晚，做一些慢动作健身体操是很好的运动方法。

★ 运动原则

怀孕晚期是整个怀孕期最疲劳的时期，因此孕妈妈应以休息为主。

此期的运动锻炼应视孕妈妈的自身条件而定。除坚持散步外可以进行以下几种方式的运动，每次以 15～20 分钟为宜，每周至少 3 次。

★颈部放松练习运动

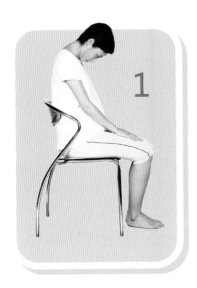

◄吸气，然后呼气，下颌慢慢放下并尽量靠近胸部。

►这个动作持续时间与呼气时间相当，然后吸气，慢慢抬起头恢复到正常位置。

►然后伸出右手臂与身体成45度，左耳靠拢左肩。

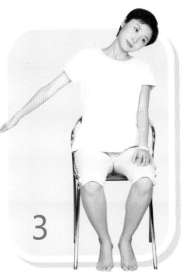

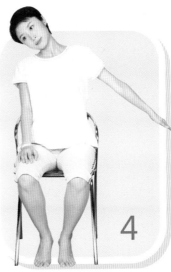

◄伸开左臂与身体形成45度。呼气，头向右偏，右耳靠近右肩，重复前面的动作。

第十二章
孕期异常
与饮食调养

01. 妊娠剧吐

妊娠呕吐是妊娠早期征象之一，多发生在怀孕2～3个月期间，轻者的妊娠反应，出现食欲减退、择食、清晨恶心及轻度呕吐等现象，一般在3～4周后即自行消失，对生活和工作影响不大，不需特殊治疗。少数孕妈妈反应严重，呈持续性呕吐，甚至不能进食、进水，并伴有上腹不适、头晕乏力等，这时称妊娠剧吐。

妊娠剧吐的症状和原因

怀孕之后，胎盘即分泌出绒毛膜促性腺激素，会在一定程度上抑制胃酸的分泌。胃酸分泌量的减少，使消化酶的活力大大降低，从而影响孕妈妈的食欲和消化功能。

这时，孕妈妈就会出现恶心、呕吐、食欲缺乏等症状。如果孕妈妈精神紧张、情绪抑郁，那么妊娠剧吐反应会更严重。

妊娠剧吐的危害

专家认为，妊娠剧吐一旦时间过长，会造成营养不良，严重影响孕妈妈身心健康与胎儿的正常发育，不利优孕优生。

对胎儿来说，胎儿生长发育所需的营养，全部靠母体的胎盘供给，因而孕妈妈的营养直接关系到胎儿在子宫内的生长发育和出生后的

健康。在妊娠的前3个月，这是胚胎初步形成的关键时期，这个时期如果缺乏营养，就会造成一些严重的不良后果，如流产、早产、畸胎、宫内发育迟缓，甚至发生胎儿宫内死亡。

对孕妈妈的影响：因发生妊娠剧吐时，孕妈妈吃进去的食物几乎都呕吐出来，使得孕妈妈得不到足够的营养物质，致使孕妈妈的体重下降，抵抗力降低，以致于容易感染疾病，严重时还会危及到孕妈妈的生命。

妊娠剧吐的饮食调理

在饮食方面，孕妈妈最好是能吃什么就吃什么，能吃多少就吃多少。避免胃内空虚，可备些饼干、点心等随时食用，这样可以缓解恶心呕吐。同时避免不良气味刺激，如炒菜味、油腻味等。

另外，便秘症会加重呕吐反应的程度，所以孕妈妈要特别提防便秘。要多吃蔬菜、水果，注意补充水分，可以饮水果汁、糖盐水或淡茶水等。通过利尿，可将体内有害物质从尿中排出。

孕妈妈最好多选择番茄、杨梅、石榴、樱桃、葡萄、橘子、苹果等新鲜的菜果，它们不但香味浓郁，而且营养丰富。同时可选用食疗方，减轻妊娠剧吐，保持妊娠期精神的愉快和营养的充足。

妊娠剧吐调理原则

适合选择一些富含碳水化合物（例如苏打饼干）和蛋白质的食物，但每次不要吃太多。还要避免吃那些油炸的油腻的食物，以及辛辣的、具有刺激性或不易消化的食物。

孕吐一般分为两种类型：脾胃虚弱与肝胃不和，前者可见恶心、呕吐水、厌食、精神倦怠、嗜睡等症；后者可见恶心、呕吐酸水、胸胁胀痛、精神抑郁、口苦、烦躁等症。

属胃气虚弱的孕妈妈，要用牛奶、豆浆、蛋羹、米粥、软饭、软面条为主的饮食来调养；属肝热气逆的孕妈妈，则宜多吃蔬菜和水果，少食多餐为好。

小番茄炒鸡丁

材料：鸡肉 200 克，小番茄 200 克，黄瓜 100 克，咖喱粉 20 克，白糖、蒜、盐、植物油、玉米淀粉各适量。

做法：

① 将小番茄及黄瓜洗干净沥干，切成块。

② 鸡肉洗干净，切丁；鸡丁内加适量盐、植物油、淀粉、白糖搅拌均匀，将鸡丁腌 10 分钟。

③ 锅内倒入植物油，烧至八成热，将鸡肉丁略炒半熟，放入蒜爆香。

④ 将咖喱粉放入炒匀，放入小番茄、黄瓜、白糖、盐等一起翻炒，炒至肉熟后即可。

冬瓜海鲜卷

材料：火腿、香菇、芹菜各 50 克，冬瓜、鲜虾各 20 克，胡萝卜适量，水淀粉、盐、鸡精、白糖各适量。

做法：

① 将冬瓜洗净，切薄片，滚水烫软；胡萝卜、芹菜切条分别在沸水中烫熟；鲜虾洗净剁成蓉；火腿、香菇、芹菜、胡萝卜切条备用。

② 将除冬瓜外的全部材料拌入调料，包入冬瓜片内卷成卷，刷上油，上笼蒸熟取出装盘，菜汤用水淀粉勾薄芡，淋在表面即可。

妊娠剧吐调理食谱

青柠口蘑

材料：口蘑 120 克，青柠 1 个，植物油、盐、香菜各适量。

做法：

① 口蘑在盐水中浸泡片刻后洗净，待用。

② 将洗净的口蘑放入锅中翻炒五六分钟，再淋入现榨的柠檬汁，翻炒片刻后装盘。

③ 最后在口蘑中放入碎香菜、柠檬皮丝及盐调味即可。

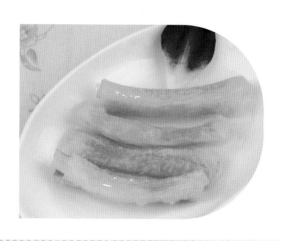

茯苓粉粥

材料：茯苓粉 15 克，大米 50 克，大枣 7 个。

做法：

① 将上述材料放在一起。加入适量水，用小火煮。

② 将煮至米烂成粥即可。

砂仁肚条

材料：猪肚 1000 克，砂仁 10 克，猪油 100 克，黄酒 50 克，胡椒粉、花椒、姜、葱、鸡精、淀粉（豌豆）、盐各适量。

做法：

① 砂仁烘脆后打成细末备用。

② 猪肚洗净，下开水锅焯透捞出，刮去内膜。另将锅中掺入清汤，放入猪肚，再下姜片、葱段、花椒，煮熟，捞起猪肚待冷，切成指条。

③ 将原汤 500 毫升烧开，下入肚条、砂仁末、胡椒粉、绍酒、猪油，再加鸡精调味，用湿淀粉 20 克着欠，炒匀起锅装盘即成。

鲫鱼汤

材料：鲫鱼 500 克，玉兰片 60 克，盒装豆腐 2 盒，鲜蘑菇 60 克，植物油 20 克，姜、料酒、鸡精、葱白、大蒜各适量。

做法：

① 玉兰片切菱形，豆腐切小块，鲜蘑切开，姜葱切片。

② 鲫鱼去腮鳞和内脏，入油锅炸至金黄色取出。

③ 油烧热后，放姜、蒜、葱炒香，加水成汤，放入鲫鱼，鸡精、料酒、等调料，汤烧沸后去掉浮沫，出锅即可。

02. 孕期贫血

孕期贫血的症状和原因

孕期贫血是孕期常见的营养缺乏病之一。由于孕妈妈血容量增加了约40%，超过红细胞增加的幅度，致使血液相对稀释，血中血红蛋白的浓度下降，从而出现生理性贫血，孕期贫血以缺铁性贫血最为常见。

铁和叶酸是形成红细胞的重要物质，孕妈妈在孕期对铁的需求比孕前增加近4倍，孕妈妈如果长时间铁摄入不足就极易发生缺铁性贫血。若孕妈妈在怀孕前就患有贫血或有影响铁吸收的慢性失血疾病，则会让孕妈妈与胎儿更容易发生缺铁性贫血，而且病情会较重。

孕期贫血的饮食调理

约有四分之一的孕妈妈会发生不同程度的贫血，但重症贫血的患者并不多见。除了生理因素会造成贫血外，还有一些与孕妈妈偏食有关，使得含铁的营养成分摄入不够，造成缺铁性贫血；也有些孕妈妈是因为慢性萎缩性胃炎、慢性肾炎或钩虫病等原因造成了贫血。

孕期贫血的调理原则

对孕妈妈有益的食物有鱼、肉、蛋、豆腐等高蛋白质的食物，蛋白质是参与合成血红蛋白的物质基础。

例如豆类系列食品、新鲜蔬菜及时令水果。新鲜蔬菜及时令水果中含有丰富的维生素C，能促进造血。另外还有肝脏类食物、海带、小白菜等绿色蔬菜中含铁量也很多，铁是制造血色素必不可少的微量元素。

孕期贫血调理食谱

川味糯米饭

材料：糯米 100 克，腊肉 50 克，豌豆 15 克，土豆 20 克，盐、鸡精、胡椒粉、花椒、姜各适量。

做法：
① 将糯米淘洗干净后用水浸泡两个小时备用，将腊肉切成丁，土豆切成丝。
② 将坐锅点火倒入油，待油热后先放入腊肉煸炒，再放入豌豆、土豆丝、糯米、胡椒粉、花椒、盐反复进行煸炒，5 分钟后倒入电饭锅中，加适量热水蒸熟。撒香菜末即可。

何首乌粥

材料：何首乌 15 克，大米 120 克，蜂蜜 5 毫升。
做法：
① 将何首乌洗净切碎备用；将大米洗干净。
② 加锅内加入水，放入切碎的何首乌和大米，煮成粥，冷食热食均可。

虾米炒芹菜

材料：干虾米 10 克，芹菜 200 克，植物油、酱油各适量。
做法：
① 将虾米用温水浸泡；芹菜洗净，切成短段，用开水烫过。
② 锅置火上，放油烧热，下芹菜快炒，放入虾米、酱油，用大火快炒几下即成。

03. 孕期便秘

孕期便秘的症状和原因

便秘，俗称大便干燥，孕期由于胃酸减少、体力活动减少、胃肠蠕动减慢、再加上胎儿逐渐增大，膨大的子宫压迫小肠，使其难以蠕动，孕妈妈就容易发生肠胀气或者便秘。

另外，产褥期妇女经常卧床休息，体力活动减少，也容易导致排便不畅，久之容易形成痔疮。

孕期便秘的饮食调理

膳食纤维可加速肠蠕动，促进肠道内代谢废物的排出，减轻孕期的便秘。每日吃一顿粗粮，可增加膳食纤维的摄入，对便秘有较好的调理作用。

孕期便秘的调理原则

孕期便秘的孕妇适合多吃含纤维多的食物。

1. 如各种制作较粗糙的粮食。如糙米、玉米；各种蔬菜，如豆芽、韭菜、油菜、茼蒿、芹菜、荠菜等等；各种水果，如草莓、梅子、梨、无花果、甜瓜。

2. 多饮水。晨起空腹喝1杯淡盐水，对防治便秘非常有效。

3. 多吃些富含维生素 B_1 的食物。如粗粮、豆类、瘦肉等，可以促进胃肠蠕动。

4. 多吃产气食物。适当食用莴笋、萝卜、豆类等，刺激肠道蠕动，利于排便。

5. 选择含水分多的食物。如鲜牛奶，自己制作的鲜果汁等。

吃好孕期三顿饭

孕期便秘调理食谱

蛋花肉丝芽菜汤

材料：瘦猪肉 60 克，鸡蛋 1 个，绿豆芽 120 克，植物油、淀粉、盐、酱油、黄豆粉、香油各适量。

做法：

① 将瘦猪肉洗干净切成丝，以酱油、香油、豌豆粉适量拌匀，绿豆芽择洗干净备用。

② 将鸡蛋打入碗中，加入少量熟油、盐，打匀。

③ 绿豆芽爆炒以生油起锅，放少量盐，加入适量水煮沸，将肉丝放入锅中，煮 5 分钟后，将汤离火，把蛋液淋入汤中，使蛋成丝状即可。

豆腐酒酿汤

材料：豆腐 250 克，红糖、酒酿各 50 克。

做法：

① 将豆腐切成骨牌形状。

② 锅置火上，加入适量清水煮沸。

③ 将豆腐、红糖、酒酿放入锅内，用小火煮 15 ~ 20 分钟即可食用。

荠菜肉馅馄饨

材料：馄饨皮 150 克，荠菜 50 克，肉末 50 克，海米、紫菜、香油、盐、白糖、酱油各适量。

做法：

① 荠菜洗净用开水烫一下后切末备用。

② 肉末加入调料和荠菜后搅拌均匀。

③ 将馄饨皮放在左手掌上，挑入馅心，折成馄饨生坯。

④ 将海米（或虾皮）、香菜末、紫菜、酱油放入碗内，再将馄饨放入开水锅内煮熟即可。

04. 妊娠水肿

妊娠水肿是指女性在怀孕五六个月以后，出现下肢水肿，腹部胀满，腹围增大迅速，体重明显增加，甚至头面及全身皆肿的一种病症。下肢水肿是由于下腔静脉受增大的子宫压迫，使血液回流受阻引起的。

妊娠水肿的症状和原因

妊娠水肿的主要症状表现为孕妈妈下肢皮肤紧而发亮，弹性降低，用手指按压后出现凹陷。水肿的程度分轻重，由踝部开始，逐渐向上扩展到小腿、大腿、腹壁、外阴，严重的可蔓延全身，甚至伴有腹水。妊娠水肿症状较轻者，要多休息，睡眠时抬高下肢。饮食中一定要注意控制盐分和水分的摄入量，以免加重水肿。孕晚期胎儿的营养需求增加，这时需要食用高蛋白食物，以补充血浆的蛋白含量，维持血浆胶体正常的渗透压。营养不良性低蛋白血症、贫血和妊娠高血压综合征是孕妈妈水肿的常见原因。

妊娠水肿的饮食调理

患有妊娠水肿的孕妈妈饮食的主要目的，应该放在控制盐分的摄入和水分的摄入量上。控制盐分的摄入，就可以控制饮水量，防止水肿。

多吃冬瓜。冬瓜富含碳水化合物、淀粉、蛋白质、脂肪、胡萝卜素、钙、磷、铁以及多种维生素等，有利尿消肿、解毒化痰、生津止渴等功效，对妊娠水肿及各种原因引起的水肿、肝炎、肾炎、支气管炎的食疗效果很好。例如：取鲜冬瓜 500 克，活鲤鱼 1 尾，加水煮成冬瓜鲜鱼汤，味道鲜美，可防治妊娠水肿。

多吃西瓜。西瓜富含水分、果糖、维生素 C、钾盐、苹果酸、氨基酸、胡萝卜素等营养成分，具有清热解毒、利尿消肿的作用。

吃好孕期三顿饭

妊娠水肿调理食谱

鲤鱼红豆汤

材料：鲤鱼 500 克，红豆 100 克，植物油 10 克，陈皮 3 克，料酒、姜、葱、盐、鸡精、香油各适量。

做法：

① 将红豆洗净，用冷水浸泡充分后，捞出沥干，陈皮用温水浸软，洗净。

② 鲤鱼去腮、内脏及鳞，洗净，葱姜切段和片状备用

③ 将植物油烧热，下入葱、姜炒香，再烹入料酒，然后加冷水、红豆、鲤鱼、陈皮、用小火煮至鱼烂。

④ 汤开后，加鸡精、盐调味，淋上香油，即可盛起食用。

红豆汤圆

材料：小汤圆 15 个，熟红豆 120 克，老姜 60 克，白糖适量。

做法：

① 老姜洗净，以刀背拍碎，加水熬煮约 20 分钟，滤除残渣，加白糖煮滚备用。

② 锅中放水，煮滚后加汤圆煮熟，捞出，泡凉开水，待凉后取出。

③ 将汤圆、红豆、姜汁混合在一起，即可食用。

山药扁豆糕

材料：山药 500 克，扁豆 100 克，糯米粉 150 克，大枣肉 500 克，淀粉 100 克，水适量。

做法：

① 把山药去皮、蒸熟、研成泥状备用。

② 将扁豆、糯米粉、淀粉及枣肉加水后搅匀，调成糊状。

③ 把山药泥与后调成的糊搅拌均匀，装入表层刷过油的盘内。

④ 放入蒸锅，用大火蒸熟取出，稍冷却后可切成各样式食用，可冷食也可煎食。

05.妊高征

妊娠高血压综合征，简称"妊高征"，是一种常见的妊娠并发症。若孕妈妈平时血压一直正常，而在妊娠 24 周后发生高血压，同时出现水肿和蛋白尿的症状，称为妊娠高血压综合征，是产科四大死亡原因之一，要引起足够重视。

妊高征的症状和原因

★ 妊高征的主要症状

水肿：表现为体重过度增长，踝部、下肢、腹壁以及全身水肿。

高血压：血压 ≥ 18/12 千帕，或较基础增加 ≥ 4/2 千帕，测量 2 次至少间隔 6 小时以上。

蛋白尿：尿蛋白定量 ≥ 0.3 克／升为蛋白尿，测量至少 2 次，间隔 6 小时以上。其发病原因医学上至今还不十分明确。

★ 妊高征的易患人群

1. 精神过度紧张或受刺激致使中枢神经系统功能紊乱者。

2. 寒冷季节或气温变化过大，特别是气压升高时，尤其是秋季。

3. 年轻初产妇或高龄初产妇。

4. 有慢性高血压、慢性肾炎、糖尿病等病史的孕妈妈。

5. 营养不良，如贫血、低蛋白血症者。

6. 体形矮胖者。

7. 宫张力过高（如羊水过多、双胎妊娠、糖尿病巨大儿及葡萄胎等）者。

8. 家族中有高血压史，尤其是孕妈妈的母亲有重度妊高征史者。

吃好孕期三餐版

妊高征的危害

妊娠高血压综合征可影响孕妈妈的健康及胎儿的发育。

妊娠高血压综合征主要表现为全身的小动脉痉挛及钠离子储留。小动脉痉挛引起血管管径变窄，血液循环阻力增高，造成高血压征象。由于小动脉痉挛，毛细血管缺氧，使血管壁受损而引起渗透性增加，出现水肿或蛋白尿。脑血管痉挛可引起脑缺氧及水肿，出现头痛、头昏，甚至抽搐昏迷而继发先兆子痫，若不及时处理控制病情，会进一步发展成为子痫。一旦发生子痫，母婴的死亡率均明显升高。

严重的妊娠高血压综合征将对胎儿的影响很大，由于血管痉挛，使胎盘供血不足，可发生早产、宫内缺氧、宫内发育迟缓、死胎、死产、新生儿窒息和死亡。

第十二章
孕期异常与饮食调养

妊高征的饮食调理

增加优质蛋白质摄入：患妊娠高血压综合征的孕妈妈宜多吃海鱼，这是因为海鱼富含优质蛋白质与优质脂肪，其所含的不饱和脂肪酸比任何食物中的都多，烹饪海鱼的方法，建议采用清蒸和清炖这两种烹饪方法；减少饱和脂肪的摄入；补充足够的钙、镁和锌；食用盐减半。

妊高征的调理原则

1. 多吃芹菜。芹菜富含芫荽甙、胡萝卜素、维生素 C、烟酸、甘露醇，以及粗纤维素等。有镇静降压、醒脑利尿、清热凉血、润肺止咳等功效。常吃对于妊娠高血压综合征、妊娠水肿、缺铁性贫血及肝脏疾患的疗效比较显著。

2. 多吃鱼。鱼富含优质蛋白质与优质脂肪，其所含的不饱和脂肪酸比任何食物都多。

3. 多吃鸭肉。鸭富含蛋白质、脂肪、铁、钾、糖等多种营养素，有清热凉血、祛病健身之功效。

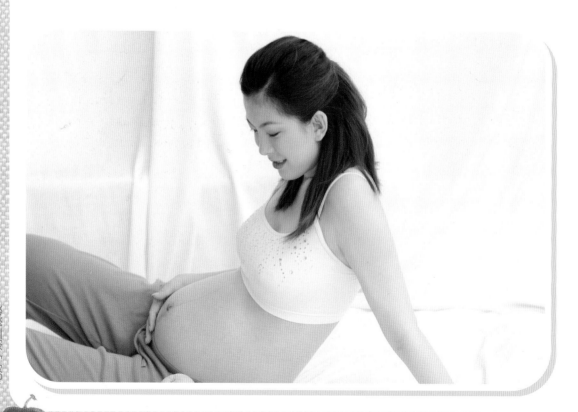

孕妈咪三餐孕好孕50

妊高征调理食谱

肉片炒黄瓜

材料： 猪肉、水发木耳、黄瓜各250克，植物油、盐、姜末、酱油各适量。

做法：
① 将黄瓜洗净，斜刀切成片；木耳择洗干净，撕成小块；猪肉切成肉片备用。
② 将油放入锅内，油热后下入肉片煸炒断生。
③ 放入葱姜末、酱油、盐，视肉上色，加入木耳煸炒一下，再加入黄瓜片继续煸炒几下。
④ 加少许水，再用淀粉勾芡即可。

卤汁茄子

材料： 紫皮茄子400克，洋葱50克，香菜30克，香菇30克，盐、料酒、老抽、生抽、胡椒粉、香油、蒜、姜、砂糖、葱各适量。

做法：
① 茄子洗净，在表皮上用刀竖着浅划4刀；葱、姜切片，蒜拍扁；香菜去掉茎、叶，取菜根洗干净用水焯一下；香菇洗干净，用开水焯一下。
② 坐锅点火，倒入油，油至四成热时加入葱片炒至变色，放入香菜根、香菇、蒜片、姜片略炒，再加入鲜汤小火煮半小时。
③ 茄子沥干水分，放入汤中加盐、料酒、砂糖、老抽、生抽、酱油、胡椒粉、香油等，用小火卤10分钟即可。

糟冬笋

材料： 冬笋250克，香糟水、鸡精、盐各适量。
做法：
① 把冬笋用刀切成2厘米长、1厘米宽的块，然后改刀切成梳子块，下锅煮熟取出，沥干水分。
② 锅把冬笋放在碗内，加入香糟水、盐、鸡精，用盖盖严，使冬笋浸透在糟卤内，临吃时取出冬笋改刀装盘即可。

06. 妊娠糖尿病

糖尿病是由于胰岛素的相对缺乏或分泌不足而引起的一种慢性代谢紊乱性疾病。如果在妊娠期间出现了糖尿病的反应，就是"妊娠糖尿病"。

妊娠糖尿病的症状和原因

胰岛素的主要作用是加速血糖乳化，促进糖原合成，使糖转变成脂肪，使血糖降低。糖尿病病人因胰岛素分泌相对或绝对减少，血糖的上述三条去路受阻，因而使血糖增高。血糖过多时，可经血循环至肾而随尿排出体外，即为糖尿，故叫"糖尿病"。

原本并没有糖尿病的女性，由于怀孕期间发生葡萄糖耐受性异常时，就称为"妊娠糖尿病"。

妊娠糖尿病的饮食调理

患妊娠糖尿病的孕妈妈，在饮食上存在着矛盾，一方面必须把血糖控制在良好水平；另一方面孕妈妈又面临着自身和胎儿对营养物质大量需求的问题，这给他们的饮食治疗提出了一个很高的要求，必须要兼顾上述两个方面才行。因此，妊娠糖尿病的调理应遵循以下原则：

妊娠糖尿病的调理原则

1	蛋白质的摄取量会随着怀孕时间逐渐增加，应该选择优质蛋白食物，同时避免含糖量高的食物
2	植物油方面，要以植物油为主，减少油炸、油煎、油酥类的食物，另外，还需少食动物的肉，尤其是肥肉和皮
3	多摄取纤维素，在每日可摄取的热量范围内，多摄取高纤维食物，例如：用糙米或五谷米饭取代米饭，增加蔬菜摄取量，吃新鲜水果而勿喝果汁等，如此可帮助控制血糖，也比较有饱腹感

妊娠糖尿病调理食谱

胡萝卜煮蘑菇

材料：胡萝卜150克，蘑菇50克，黄豆、西蓝花各30克，植物油、盐、鸡精、砂糖各适量。

做法：

① 胡萝卜去皮切成小块；蘑菇切片；黄豆泡透蒸熟；西蓝花掰成小朵。

② 坐锅点火，放入胡萝卜、蘑菇翻炒数次，倒入清汤，用中火煮。

③ 待胡萝卜块煮烂时，下入泡透的黄豆、西蓝花，加盐、鸡精、砂糖，煮透即可。

凉拌粉丝

材料：银丝粉100克，辣椒油20克，酱油、米醋、花椒油、香油、姜汁、盐、香葱、蒜泥、鸡精、芥末汁各适量。

做法：

① 将银丝粉用温水发软，在开水锅内煮3~5分钟，然后捞入出，沥干水分，用盐拌匀后，盛入盘中。

② 将酱油、辣椒油、香油、鸡精、芥末汁、姜汁、蒜泥、花椒油和醋，调匀后淋入盛粉丝的盘中，再撒上香葱即可。

第十三章
月子期
饮食调理

01.月子期的生理特点

分娩对于产妇来说是一项体力消耗很大的活动，特别是对于那些产程较长、分娩不够顺利的产妇，在待产和分娩过程中的体力消耗就更大了。正常分娩或者剖宫产时还会造成产妇失血，一般失血量为100～300毫升，如果分娩后出血，失血量就更多了。大量的体力消耗和失血使产妇产后身体十分虚弱，因此产妇除了要注意休息外，还应及时补充能量和各种营养素，以弥补分娩过程中的损失。同时，为了保证有质高量足的乳汁喂养婴儿，并有充足的

体力来照顾婴儿，在产后更应注意补充营养。

由于妊娠过程中积蓄的能量和营养物质在分娩过程中已经消耗殆尽，产妇需要额外补充营养以弥补产后因失血等导致的大量营养物质的损失，而且哺乳过程也是营养的一种消耗，乳汁的质量将直接受到母体营养状况的影响。

不过，产后补养也不能操之过急，在头1～2天内应以清淡易消化的食物为主，等待疲劳消除、食欲恢复正常后，再加强各类营养物质的补充。

02. 月子期的必备营养素

蛋白质

产妇由于分娩时劳累和进食较少，相当一段时间仍表现为体质虚弱，为了使产妇尽快恢复健康，就需要补充大量的蛋白质。

钙

很多产妇有缺钙造成的抽筋、牙齿松动等情况，因此还要适当补充钙。产妇月子期每天需要的热量为 12 552 千焦，其中应包括蛋白质 100～200 克和钙质 1200 毫克、铁 15 毫克。如果孕妇每日能吃主食 500 克，肉类或鱼类 150～200 克，鸡蛋 3～6 个，豆制品 100 克，豆浆或牛奶 250～500 克，新鲜蔬菜 500 克，每顿饭后吃 1 个水果（苹果、橘子、香蕉都可以），基本上就可满足哺乳期的营养需要。产妇不必吃大量的滋补品，可根据自己的身体需要进行适当的补充就可以了。通过饮食可以很好地控制体重，既补充了必要的营养，又可以瘦身。例如在月子期内，可饮用低脂奶或脱脂牛奶，少食肥肉、少吃糖等。

铁

因为产妇在分娩时失血很多，产后补血是十分必要的。铁是血液中血红蛋白的主要成分，因此需要补充大量的铁。

03.月子期的健康饮食

　　蛋白质来源于鱼、肉、豆、蛋、奶等食物，这类食物在被人体消化后，会变成小分子的氨基酸，氨基酸具有建造、修补身体组织的功能。因此，产后妈妈一定要多补充一些蛋白质的食物，才能让分娩时造成的伤口尽快愈合，并尽快恢复体力。氨基酸还有一项重要的功能，那就是可以刺激脑部分泌出一些让人心情振奋的化学物质，所以在月子期多吃些蛋白质多的食物，还可以有效减少产后抑郁症的发生。

加强 B 族维生素的摄取

　　五谷类和鱼、肉、豆、蛋、奶类食物含有较丰富的 B 族维生素，B 族维生素可以帮助身体的能量代谢，也具有增强神经系统功能和加速血液循环的功效，对于产后器官功能恢复很有帮助。

控制纤维素的摄取

　　纤维素可以增加粪便的体积，促进排便顺畅。在怀孕末期，因为胎儿的长大会压迫到孕妇的下半身血管，使得血液循环受阻，所以多数孕妇会有痔疮发生，造成排便困难。纤维素的摄取对孕妇而言是很重要，但在分娩过后，身体需要的是大量的营养素来帮助身体器官的修复，如果此时产妇摄取过多的纤维质，反而会干扰其他营养素的吸收，因此对产妇而言，纤维素的摄取量又不宜过多的。

加强必需脂肪酸的摄取

　　必需脂肪酸是能调整激素、减少炎症的营养素。当分娩过后，身体需要必需脂肪酸帮助子宫收缩，恢复原来的大小，所以必需脂肪酸对产妇特别重要。一般产妇大多用芝麻作为必需脂肪酸的食物来源，而且芝麻还具有润肠通便的效果，所以特别适合产后产妇食用。

　　另外，由于鱼油提供的脂肪酸会影响凝血功能，所以建议伤口尚未愈合的产妇不宜吃高剂量鱼油，最好尽量以天然新鲜的深海鱼来作为脂肪酸的补充来源。

吃好孕期三顿饭

不吃冰冷的食物

一般而言，冰冷的食物即使不坐月子，女性都要少吃。因为食物的温度太低，会直接降低细胞的新陈代谢率，当食用的食物温度太低时，会让身体细胞的温度降低，开始进行冬眠状态，使得应该进行的生化反应暂停，影响热量的正常代谢。而且吃冰冷的饮食会使血管收缩，影响身体的血液循环，许多聚积在身体内的代谢废物很难排出去，最后就变成容易囤积的脂肪及水分、排毒差的肥胖体质。这就是为什么许多产妇在月子期间吃生冷的东西之后，会突然变得臃肿的原因。同时如雪糕、冰淇淋、冰冻饮料等不利于消化系统的恢复，还会给产妇的牙齿带来不良影响。

不吃含盐量高的食物

分娩时子宫会急剧收缩，产生的剧烈疼痛会影响到身体肾上腺激素的分泌。肾上腺激素是人体水分和盐分代谢的重要激素，所以为了减少肾上腺的负担，分娩过后尽量不要吃盐，否则会造成产后水肿。

有的产妇会问，完全吃不加盐的食物会不会导致身体缺乏盐分呢？答案是短期内不会。而且，在我们平常吃的食物中，其实就已经含有许多钠盐了，所以不必担心盐分的缺乏。

不吃酸涩的食物

月子期应避免食用酸涩的食物，如乌梅、南瓜等，以免阻滞血行，不利恶露的排出。

不吃辛辣的食物

辛辣食物如辣椒等，要尽量少吃，因为辛辣的食物容易伤津、耗气、损血，加重气血的虚弱，并容易导致便秘。如果产妇在哺乳期常吃辛辣食物，会影响乳汁的质量，对宝宝也是极为不利的。

04.月子期
为瘦身打基础

月子期是否有正确合理的饮食与产后的瘦身有绝对的关系。月子期调理身体的目的，其实是要让伤口尽快愈合，并使内分泌功能尽快恢复，让身体器官功能能恢复到产前状态。所以，如果说月子期没有调理好，使身体的伤口愈合不佳，内分泌就会失调，而身体也会自然地为了自保而将新陈代谢降低，如此一来细胞代谢变慢，不但无法将怀孕时期堆积的脂肪消耗掉，而且会堆积出更多的脂肪。内分泌失调还会造成身体滞留的水分变得很难排出，久而久之，身体就明显地开始臃肿起来，这时候要再瘦下去，就得花更多的心力及时间了。

产妇如果能利用月子期的时候瘦身，是最聪明的方式，因为刚生完小孩，身上的伤口愈合所消耗的能量与内分泌的作用，会让身体处在高代谢的状态，所以这时候饮食摄取正确的话，不需要搭配太过剧烈的运动，就很容易在1个月内减轻3～5千克了。

05. 月子期营养食谱

鲤鱼汁粥

材料：鲤鱼、粳米各 100 克，姜末、葱花各 5 克，香油 1/2 小匙，料酒、盐各 1 小匙。

做法：

① 将活鲤鱼剖开肚子，去除内脏、鳃，保留鱼鳞，洗干净后，加入姜末、葱花、料酒，用小火煮汤，一直煮到鱼肉脱骨为止，去骨留汤汁备用；把粳米淘洗干净。

② 锅中加入适量清水、粳米煮粥，等粥汁黏稠时，加鱼汁和盐搅匀，稍煮片刻即可。

③ 食用时加入香油调好口味。

Tips：此粥具有消水肿、利小便和下乳的功效，特别适合产妇食用。

莱菔子粥

材料：莱菔子 15 克，粳米 60 克，冰糖适量。

做法：

① 将莱菔子洗净，粳米淘洗净备用。

② 坐锅点火，锅内放入清水，加入粳米、莱菔子用大火煮至粳米开裂，再用小火煮至黏稠即可。

③ 出锅盛入碗内，加入冰糖调好，即可食用。

第十三章
月子期饮食调理

参味小米粥

材料：人参 5 克，淮山 45 克，大枣 10 颗，里脊肉、小米各 50 克，盐 1 小匙。

做法：
① 将里脊肉切成薄片，用开水烫熟后泡凉。
② 人参煮水取出参汁，加入大枣、淮山，把小米熬成粥，再加入里脊肉煮 1 分钟。
③ 加入盐调味即可。

花生红枣粥

材料：花生仁、红枣各 50 克，糯米 100 克，冰糖 10 克。

做法：
① 将花生仁浸泡 2 小时，红枣去核洗干净。
② 将花生仁、红枣和淘洗干净的糯米一起下锅熬成粥，等到粥黏稠后加入冰糖，稍微煮一下即可。

竹笋肉粥

材料：冬笋 100 克，猪肉末 50 克，粳米 80 克，盐 1/2 小匙，姜末 5 克，麻油 3 小匙。

做法：
① 将冬笋切成细丝氽烫后放凉，锅内放入麻油，烧热。
② 下猪肉末煸炒一会儿后，加入冬笋丝、姜末、盐，翻炒使其入味，盛入碗中备用。
③ 将粳米熬成粥，粥快熟时加入碗中备料，稍煮即可。

Tips：竹笋中含有的纤维素，不仅可以清肺更有助于消减腹部脂肪，改善痰热咳嗽、水肿等功效。

吃好孕产期三顿饭

黄豆山药枣粥

材料：黄豆、山药、粳米各 100 克，红枣 5 枚，冰糖 50 克。

做法：

① 将红枣洗净去掉核，山药洗净去掉皮，切成小块备用。

② 将黄豆浸泡发，与粳米一同洗净放入锅内，加清水，烧开后转用小火熬煮至粳米和黄豆将要熟时，加入山药和红枣继续熬煮，不时搅动锅底以防煳锅。

③ 等粥熬好后加入冰糖调好味道食用。

Tips：黄豆富含蛋白质、脂肪、碳水化合物、粗纤维、钙、磷以及多种维生素，适合脾胃虚弱、食欲、体质差的产妇食用。

蜂蜜水果粥

材料：苹果、梨各 2 个，粳米 100 克，枸杞 5 克，蜂蜜 1 小匙。

做法：

① 将粳米淘洗干净熬成粥。

② 将枸杞洗干净，苹果、梨去皮核切成小丁；将枸杞、水果丁一起加入粥内，煮开后，稍稍冷却即可食用。

罗汉燕麦粥

材料：燕麦 200 克，罗汉果 2 个，盐 1/2 小匙。

做法：

① 将罗汉果洗干净，燕麦也洗干净。

② 锅中倒入适量水煮开，加入燕麦，小火煮至软烂，再加入罗汉果继续煮 5 分钟，最后用盐调味。

大枣莲籽百合粥

材料：大枣 10 枚，百合 25 克，莲子 45 克，粳米 100 克，冰糖 1 小匙。

做法：

① 将大枣、百合泡开、洗净；莲子泡开去掉里面的心；粳米淘洗干净。

② 将大枣、百合、莲子、粳米一起放入热水锅内，小火煮烂成粥，加入冰糖拌匀，即可食用。

乌鱼粥

材料：乌鱼肉 150 克，粳米 100 克，酒、盐、香醋、麻油各 1 小匙，胡椒粉、葱花、姜末、蒜末各 1/2 小匙。

做法：

① 将粳米淘洗净，再将乌鱼肉切成小丁，焯热水后泡凉。

② 把粳米下入锅中，加入适量的水，用大火烧开，然后加入酒煮粥，待粥快好的时候加乌鱼肉，然后再加香醋、葱花、姜末、蒜末、胡椒粉、麻油等煮熟即可食用。

补气润肤鲜鱼粥

材料：粳米 100 克，鲑鱼片 50 克，盐 1/2 小匙，黑胡椒、葱花各 1 小匙，螃蟹高汤 100 毫升。

做法：

① 把粳米淘洗干净，沥干。

② 将螃蟹高汤加热煮沸，放入粳米继续煮至滚开的时候稍微搅拌，改为小火熬煮 40 分钟，加入盐进行调味。

③ 把鲑鱼片放入碗中，倒入滚烫的粥，撒上葱花、黑胡椒拌匀即可食用。

虾皮香芹燕麦粥

材料： 燕麦 150 克，虾皮 20 克，芹菜 50 克，盐 1/2 小匙，香油 1 小匙。

做法：

① 燕麦洗干净；芹菜择洗干净，切成小丁。

② 坐锅点火，锅中倒入适量的清水，放入燕麦，用大火煮开，放入虾皮，再用小火煮直至软烂。

③ 加入盐进行调味，撒上芹菜丁后，再淋上香油即可食用。

Tips： 虾皮营养价值高，油脂含量少，搭配燕麦食用，可通血脉、调理肠道、消除肠热与便秘等症状，同时具有瘦身、增强体力的作用，可使产妇的身体尽快恢复。

香菇肉粥

材料： 猪肉馅 100 克，香菇 2 ～ 3 朵，芹菜、虾干各 30 克，红葱头 2 ～ 3 粒，粳米 50 克，酱油 1 小匙，胡椒粉 1/2 小匙。

做法：

① 把虾干、红葱头、芹菜分别择洗净、切成末。

② 把香菇泡软，去蒂、切丝，将猪肉馅放入碗中加一半调料拌匀备用。

③ 把粳米淘洗干净，煮成半熟稀饭。

④ 锅中倒入 1/2 大匙油，放入红葱头爆香，加入香菇和剩余的调料快炒，最后加入肉馅、虾干、芹菜炒熟，倒入半熟的稀饭中煮 15 分钟即可。

榛仁枸杞粥

材料： 榛子仁 30 克，枸杞 15 克，粳米 50 克，冰糖 1 小匙。

做法：

① 先将榛子仁捣碎，然后与枸杞一同加水煎，去渣留汁备用。

② 坐锅点火，加入清水和去渣后的榛子、枸杞汁与粳米一同用小火熬成粥即可食用。

Tips： 榛子本身富含油脂，所含的脂溶性维生素更易人体吸收，对产后虚弱有很好的补养作用。还可延缓衰老，防治血管硬化、润泽肌肤。

第十三章
月子期饮食调理

麻油蛋包面线

材料：鸡蛋 1 个，无盐面线 1 把，老姜 4 ~ 5 片，麻油 1 小匙，米酒适量。

做法：
① 将面线放入滚水中煮熟后，捞起备用。
② 将麻油烧热，爆香姜片后把姜片夹出，再把鸡蛋打进去煎熟盛起。
③ 在锅中加入剩下的麻油烧热，加水煮滚，再加入煮熟的面线，起锅前洒入米酒，即可食用。

猪肉鲜虾饺

材料：猪肉泥 400 克，虾肉泥 150 克，韭菜末 300 克，水调面团 1 200 克，鸡精 1/2 小匙，料酒、盐、酱油各 1 小匙。

做法：
① 把虾肉泥、猪肉泥、韭菜末加盐、鸡精、料酒、酱油搅匀成虾肉馅。
② 把水调面团揉成长条，摘成小面剂，擀成中间厚、周边薄的圆形面皮，包入虾肉馅，捏成饺子生坯。
③ 把锅置火上，水烧沸，倒入饺子生坯煮熟。

Tips：韭菜含有大量的维生素和膳食纤维，能增进胃肠蠕动，预防肠癌，并治疗便秘。

材料：小银鱼 50 克，蒜泥 10 克，五香花生 15 克，紫菜适量，黄瓜适量，粳米饭 100 克，橄榄油 1/4 小匙，砂糖、盐各 1 小匙，米醋 2 小匙。

做法：
① 小银鱼、蒜泥与调料小火炒香，黄瓜切成条，五香花生压碎备用。
② 黄瓜加盐腌渍 30 分钟后捞起，取腌渍的醋汁与粳米饭拌匀。
③ 将炒好的小银鱼、五香花生、黄瓜拌入米饭用紫菜卷成卷，切成短段摆盘即可食用。

Tips：小银鱼的肉质很嫩，味道鲜美，银鱼的热量非常低，有利于减肥瘦身。

咸鱼紫菜卷

猕猴桃汁

材料：猕猴桃、草莓各 1 个，柑橘少量，蜂蜜适量。

做法：

① 把猕猴桃去皮切成块，草莓洗干净浸泡盐水 10 分钟。

② 将猕猴桃、草莓和柑橘，加适量水一起倒入榨汁机中榨汁，倒入杯中加适量蜂蜜，即可饮用。

哈密瓜奶昔

材料：哈密瓜 1/4 个，酸奶 60 毫升。

做法：

① 将哈密瓜去皮、洗净并切成小丁。

② 将哈密瓜、酸奶一起放入榨汁机中榨汁 20 秒。

③ 将榨好的奶昔倒入果杯，即可饮用。

菠萝芹菜汁

材料：芹菜 2 根，菠萝 1/4 个，蜂蜜适量。

做法：

① 将将菠萝去皮后切成小块；芹菜洗净切成段。将菠萝块、芹菜段一起放入榨汁机中榨汁。

② 将榨好的汁倒入杯中，加适量蜂蜜搅匀即可。

第十三章
月子期饮食调理

牛奶南瓜汁

材料：南瓜 200 克，牛奶 150 毫升，砂糖适量。

做法：
① 将南瓜去皮、籽切成小块，再放入锅中煮熟。
② 把煮熟的南瓜放到榨汁机中，加入牛奶榨汁。
③ 将榨好的汁倒入杯中，加入砂糖调好味道即可饮用。

卷心菜梨汁

材料：梨 2 个，卷心菜 100 克，柠檬 1/2 个，蜂蜜 1 大匙。

做法：
① 将梨去皮、去核后切成块，卷心菜洗净后切成小片。
② 将材料和矿泉水放入榨汁机中榨汁，加适量蜂蜜调匀倒入杯中即可饮用。

香蕉杂果汁

材料：香蕉 1 根，苹果、橙子各 1 个，蜂蜜 1 小匙。

做法：
① 将苹果洗净去核，切成小块，浸于淡盐水中。
② 将橙子剥皮，去核，放入榨汁机中榨汁。
③ 把香蕉剥皮，切成段。
④ 将所有食材加水放入榨汁机中，榨 30 ~ 40 秒。

Tips：苹果切开后，最好浸在盐水中，这样做可防止果肉变黄。香蕉要买熟透的，在制作果汁时，要在使用前才剥开，否则切开后放置太久会变色。

素花炒饭

材料: 胡萝卜50克,甜椒20克,菠萝、青葱各10克,火腿肉30克,粳米饭100克,橄榄油、鸡精、盐各1小匙。

做法:

① 将胡萝卜、甜椒、菠萝、火腿肉切丁,葱切成葱花备用。

② 把葱花与胡萝卜丁、米饭和调料用不粘锅小火炒熟。

③ 加甜椒、菠萝火腿肉炒匀即可食用。

红汁番茄米粉

材料: 番茄100克,洋葱、猪绞肉、米粉各30克,蒜泥20克,芹菜10克,橄榄油1/2小匙,盐、鸡精各1/4小匙,辣椒酱1小匙。

做法:

① 将番茄切成丁,洋葱切碎备用。

② 把米粉用热水泡软沥干备用。

③ 用小火将调料与番茄、洋葱、猪绞肉、蒜泥、芹菜末、水100毫升一起煮成酱汁。

④ 倒入沥干的米粉,拌匀即可食用。

金银豆腐

材料: 豆腐150克,油豆腐100克,草菇10个,汤料15克,酱油1大匙,砂糖、葱油各1小匙,淀粉适量,葱2根。

做法:

① 豆腐与油豆腐均切为2厘米见方的小块。

② 锅中加入水,待沸后加入汤料、豆腐、油豆腐、草菇、酱油、砂糖等,煮10分钟。

③ 加淀粉浆勾芡,盛入碗中,周围倒入葱油,表面撒上葱花,即可食用。

第十三章
月子期饮食调理

红薯炒玉米

材料： 红薯 300 克，鲜玉米 100 克，枸杞 20 克，青椒 40 克，植物油 2 大匙，胡椒粉、鸡精、盐各 1/2 小匙，淀粉（玉米粉）1 小匙。

做法：
① 将红薯、青椒、切成丁；枸杞用温水泡发。
② 将玉米粒下入锅内焯一下，捞出来控水。
③ 淀粉放入碗内，加水调成水淀粉备用。
④ 锅内加油烧至六成热，放入红薯丁炸硬，捞出。
⑤ 炒锅留底油烧热，下入青椒丁、玉米粒略炒，放入红薯丁，加入高汤、盐、鸡精、胡椒粉煸炒，加入枸杞炒匀，用水淀粉勾芡即可食用。

什锦豆干拌饭

材料： 猪绞肉 50 克，豆干丁、豆芽各 20 克，小黄瓜、韭菜各 30 克，粳米饭 100 克，盐 1/4 小匙，橄榄油、豆瓣酱 1 小匙。

做法：
① 将豆芽、胡萝卜丁汆烫熟，过一下冷水，小黄瓜切成丝，韭菜切成段。
② 猪绞肉、豆干丁、韭菜、熟胡萝卜丁加调料，放入不粘锅以小火炒熟拌匀。
③ 粳米饭旁摆上炒好的材料及熟豆芽、小黄瓜丝，拌匀即可食用。

冬瓜汤

材料： 冬瓜 300 克，盐 1/2 小匙，鸡精 1/4 小匙，香菜 5 克，醋 1 大匙，胡椒粉 1 小匙。

做法：
① 冬瓜去皮切成块，放入锅中，加盐、鸡精煮汤；香菜择洗干净，切成末备用。
② 上桌前撒入香菜末、胡椒粉，浇上醋即可。

Tips： 冬瓜含有多种维生素和人体必需的微量元素，可调节人体的代谢平衡。冬瓜还能消暑、利尿，是消肿的佳品。也是产后瘦身的首选食品。此汤酸辣爽口，可增进食欲。

鲜蘑豆腐汤

材料：嫩豆腐 150 克，鲜蘑 100 克，香油 1 小匙，葱花 15 克，盐、鸡精各 1/2 小匙，植物油 2 大匙，素高汤 1 碗。

做法：
① 将嫩豆腐用沸水烫过后，切成小薄片；鲜蘑洗干净，切成小丁。
② 将锅架在火上，放油烧至六成热，下一半葱花爆出香味后，加入鲜蘑丁煸炒几下，然后倒入素高汤，烧开后下入豆腐片和盐，再烧开，放入鸡精，撒上另一半葱花，淋上麻油，盛入碗内即可食用。

奶油白菜汤

材料：白菜 400 克，牛奶 75 毫升，植物油 2 小匙，盐、鸡精各 1/2 小匙，葱 5 克，姜 3 克，素高汤 300 毫升。

做法：
① 将白菜取下叶片用手撕碎，清洗干净；葱、姜均切成末。
② 将炒锅放在火上，倒入植物油烧热，下入葱、姜爆香，放入素高汤、盐、鸡精及白菜叶，待开锅后加入牛奶，汤再次煮开后盛出即可食用。

腐乳豆腐羹

材料：瘦猪肉 150 克，豆腐 75 克，淀粉 30 克，葱 10 克，红腐乳汁 25 克，砂糖 5 克，高汤 4 杯。

做法：
① 把瘦猪肉切成丝，拌入淀粉中。
② 豆腐切成四方丁；葱切成葱花。
③ 高汤 4 杯倒入锅中烧开，开锅后转小火，接着放入肉丝及豆腐丁继续煮。
④ 再加入红腐乳汁、砂糖、淀粉勾芡，呈黏稠状后熄火，最后撒入葱花即可食用。

第十三章
月子期饮食调理

酸辣肚丝汤

材料：羊肚 200 克，玉兰片 50 克，水发木耳 25 克，陈醋、香油各 1 小匙，植物油、料酒各 1 大匙，鸡精 1/2 小匙，豌豆淀粉 5 大匙，葱、姜各 15 克，青蒜 25 克，肉汤适量。

做法：

① 把羊肚切成细丝，玉兰片、木耳切成丝，用开水汆透。

② 炒锅添入适量的油烧热，下葱、姜和青蒜煸香，放肉汤烧沸，下入肚丝、玉兰片、木耳、料酒、盐、鸡精，撇去浮沫，加入淀粉和陈醋后放入碗中，撒上胡椒粉，淋上香油即可食用。

鸡丝拌银芽

材料：鸡胸脯肉 200 克，绿豆芽 150 克，砂糖 5 克，盐、鸡精、香油各 1/2 小匙。

做法：

① 将鸡肉片成薄片，再切成细丝，放入沸水锅中汆熟，捞出来备用。

② 绿豆芽去掉头、根，洗干净。

③ 坐锅点火倒入水，水开下入绿豆芽，汆熟即捞出，沥干水分。

④ 将豆芽和鸡丝一起放入容器内，加盐、鸡精、砂糖拌匀，淋上香油即可食用。

豆干炒芹菜

材料：豆干 200 克，芹菜 100 克，红甜菜 50 克，料酒 2 大匙，盐、鸡精各 1/2 小匙，香葱 2 根。

做法：

① 豆干切厚片，芹菜去掉根和叶后切成段，红甜菜切成丝，香葱切碎。

② 将芹菜在沸水中煮 2 分钟捞出，沥干水分。

③ 锅内放油烧至八成热，倒入碎葱炒出香味，再把芹菜倒入煸炒一会儿。

④ 放入豆干、甜菜椒丝和盐炒 1 分钟，放鸡精翻炒几下出锅。

黄豆炖排骨

材料：黄豆 100 克，排骨 500 克，盐 1/2 小匙。

做法：
① 把黄豆和排骨洗干净。
② 锅内加入清水，放入排骨和黄豆，先大火烧开再小火煨 20 分钟，最后放盐调味即可。

Tips：黄豆是含蛋白质最丰富的植物性食物，其蛋白质的质量和蛋、奶食物中蛋白质一样。此外，本品还含有大量磷酸钙、骨胶原、骨黏蛋白等，可为产妇提供足量的钙质。

鲜笋嫩鸡汤泡饭

材料：鲜笋 200 克，酸菜 50 克，金针菇 50 克，鸡里脊肉 100 克，粳米饭 1 碗，盐 1/4 小匙，鸡精 1/2 小匙。

做法：
① 将绿竹笋洗干净，去掉皮切成片，加 700 毫升水大火煮滚加酸菜、金针菇，转小火煮至水开。
② 加入调料，下入鸡里脊肉熬煮至肉熟为止。
③ 出锅，盛入碗，泡入粳米饭即可食用。

清蒸鲷鱼

材料：鲷鱼 1 尾，姜丝 5 克，葱 3 段，白酒、酱油各 1 小匙，植物油 2 小匙。

做法：
① 鲷鱼从腹部剖开，收拾干净后在背部划几刀。
② 将鲷鱼洗干净放入盘中，洒上酒，并加入姜丝及酱油。
③ 用蒸锅蒸 10 分钟，取出后撒上葱花即成。

Tips：此菜清淡可口，脂肪含量较低，营养丰富，鲷鱼中含有优质的蛋白质，可以加强身体的热量代谢，加速器官组织恢复正常功能。

Chihao Yunqi
Sandunfan

吃好孕期
三顿饭